遇见幸福

孙泰德　著

中国财富出版社有限公司

图书在版编目（CIP）数据

遇见幸福 / 孙泰德著. --北京：中国财富出版社有限公司，2024.6.-- ISBN 978-7-5047-8179-6

Ⅰ. B82-49

中国国家版本馆CIP数据核字第2024TD3409号

策划编辑	李　伟	**责任编辑**	田　超　张天穹	**版权编辑**	李　洋
责任印制	梁　凡	**责任校对**	庞冰心	**责任发行**	黄旭亮

出版发行　中国财富出版社有限公司

社　　址　北京市丰台区南四环西路188号5区20楼　　**邮政编码**　100070

电　　话　010-52227588 转 2098（发行部）　　　010-52227588 转 321（总编室）

　　　　　　010-52227566（24小时读者服务）　　010-52227588 转 305（质检部）

网　　址　http://www.cfpress.com.cn　　**排　版**　宝蕾元

经　　销　新华书店　　　　　　　　　　　**印　刷**　宝蕾元仁浩（天津）印刷有限公司

书　　号　ISBN 978-7-5047-8179-6 / B·0577

开　　本　880mm×1230mm　1/32　　　**版　次**　2024 年 6 月第 1 版

印　　张　6.875　　　　　　　　　　　**印　次**　2024 年 6 月第 1 次印刷

字　　数　137千字　　　　　　　　　　**定　价**　39.00 元

激发潜能　福泽加身

幸福美满，是人们最常用于祝福自己与他人的字句，可见幸福美满对于一个人的人生何等重要。相信每一个人都希望自己的人生丰足，富裕荣华加身，幸福美满长相伴。但想要获得幸福，是只能被动等待，还是可以在亲自的营造中有所收获，这就是个见仁见智且相当富有哲理的问题，需要你我运用智慧，给自己一个论点精辟的解答。

从牙牙学语到识文断字，在很多人的认知里，总以为"幸福"是命中注定的，或是源自神佛、耶稣的庇佑，也可能源自父母与师长对自己的关爱，集众多宠爱造就舒适的生活圈，让我们不费吹灰之力就能享有幸福的感受。随着我们逐渐长大成人，智慧不断增进，却发现一个人是否幸福，能否得到他人祝福而好事成真，中间的种种缘由颇耐人寻味。追根究底，究竟谁可以主导幸福绵延的关键？谁才是真正掌

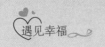

握幸福的人？谁才能将"幸福"二字完美诠释，成为世人眼中的典范？

如果我们彻底了解"幸福"的真义，是否就能够成为幸福的主导者？这些年来，我在全球各地目睹了无数的真实案例，在大数据的归纳分析比对中，感受到幸福确实是可以依靠自我营造而得的，人人都可以为自己编写各式各样美好的幸福脚本，同时在自己演绎幸福蓝图的过程中，再见证更多幸福人生剧本的上演。当大家共同创造许多让今生不留白的人生精彩，经过高山、低谷、河流、草原、海洋、荒漠，欢笑声洋溢在每个空间里，那是多么幸福美满的世界啊！世人若能及早贯通这些道理，尽情地遨游其中，亲手驾驭人生方向，过上真实不虚、丰盛圆满的幸福人生，今生方能不虚此行。

通过本书所汇集诸多过来人的言论、看法、经历等，我们得以在宝库中汲取智慧之源泉、借鉴策略之运用，成为在幸福领域中时常与胜利为伴的人生赢家，若能更进一步向世人分享亲身经历的感动，让更多人因此过上丰盛幸福的日子，我想这才是一艘真正富有意义与价值的人生方舟，满载幸福圆满的累累硕果航向新的里程碑。

若你能从许多前贤经历的成功故事中，发现化繁为简的重要性，并借此掌握幸福的清晰脉络，就能笃定地告诉自己如何开发出幸福潜能，成为名副其实的赢家，并凭借自身的努力，全心地投入开发幸福潜能。在自立自强地亲手掌握幸福脉络，成功获取幸福的时刻，切莫忘记以自身成为幸福达人的故事，来勉励世人尽早开启幸福的潜能，经由正确的运作手法，将其技巧落实在日常生活中，进一步成为开创幸福的常胜军。如果能够掌握自我，懂得幸福潜能开发的要领，即可为精彩的未来奠定基础。这些观念、价值与意义，对于人类的成长进步至关重要，倘若人人都能融会贯通，了解越是投入则收获越是丰盛的道理，就能让自己充满喜悦。当世界上有更多人能够靠自己的双手，确实掌控好这把通向幸福大门的金钥匙，国家、社会，甚至全球的成长速度、昌盛兴旺的成绩必将卓越而非凡。

　　如果全世界的人们，都能彻底完整地落实幸福潜能开发的道理，我深切相信世界将满载光明，而感受温暖的同时，幸福也将如期而至，福运财运迅速增长，诸多如诗如画的幸福画面一一映入眼帘。如此一来，我们的社会、国家甚至全世界，大家都可以经由《遇见幸福》这本书，真正实现幸福开发的远大梦想，成为赢家，人世间犹如幸福地球村，大家手携手地成长进步，让世界的美好未来向前迈进一大步。

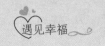

那么，幸福究竟如何而来？来自你我自身的努力、目睹其他人成长改变的过程，以及人人勤勉营造，而你将在自我的幸福蓝图中，更加笃定地明了自己各方面的跃升并享受其中。若真能如此，通过你、我、他共同推动幸福潜能开发的努力，在实验中或体悟里，你就会发觉自己的幸福潜能一点都不逊于别人。在追求自己成长成就的过程中，你将会获得诸多感悟，得到更多完美的阶段性结论，进而鼓励自己或期勉更多的人：在开发幸福潜能、领悟圆满真谛的过程中，大家都是自身幸福的主宰者。

常言道"天下没有白吃的午餐"，要想获得成就出人头地，需要自身正确无疑的抉择以及发愤图强的努力，尽情挥洒汗水，坚持将每件事做到位，对自己有交代，进而在今生的成长中，尽早给予自己一个笃定确实的现实评价，带动自己更加努力落实理想生活蓝图的点点滴滴。如此，人生的大小收获、更多的缤纷礼物，都会在开发幸福潜能当下的感知里、成绩上显现。当你把心静下来，梦醒时分更能感受到这本书的奥妙精髓，把它落实到实际日常生活中，引人钦羡的成功或许正在距离我们不远的前方。如果有方法能让自己的信心倍增，更有效率地落实幸福潜能开发，对自己、对他人都是好事，何乐而不为呢？

　　这本《遇见幸福》所记载的微言大义，讲述的成效卓著的方法，或是读者不曾听闻过的奥妙理论，都是世界地球村与全体人类共同拥有的财富。倘若本书对你的人生有所帮助，让你在幸福的道路上迈开大步，希望你能够毫无保留、不遗余力地分享给亲朋好友，推己及人帮助他们，让世界一起美好、一同幸福、一路圆满，我们自己也能在如此甜蜜的过程中得到滋润与升华。正所谓"善有善报"，你我所做的一切努力，最终都会回归自身，做越多实验就会看到越多真相，就如同笔者所言——回到自身的幸福轨道里。祝福诸位早日开发出幸福潜能，获取丰盛幸福的人生。

　　值此付梓之际，谨以数言聊表心意，是为序。

孙泰德　笔于美国内华达州

二〇二四年六月

目录
CONTENTS

第一章

寻找幸福在哪里

1.1

疫情解封　重拾热情　拥抱幸福

在漫长的人生旅程中，该如何不留遗憾地度过这一生？你是否想过要探索幸福并开发自身的潜能呢？我们在生命的每个阶段所付出的种种努力，无非就是盼望事事如意、人生顺遂，将踏出的每一步都化为令生命往上攀升的"垫脚石"，使这一生过得幸福美满，更是多数人内心深处梦寐以求的终极目标。只是世事难料，生命往往无法如你我所愿。一切平安顺遂、万事亨通，即使沿途没有满布荆棘、饱经风霜，总有一波三折、坎坷难行之处，遑论那些兜兜转转的迷途时刻。我特意撰写《遇见幸福》这本书，无非是希望能借由一些观念的启发、逻辑思维的调整，来帮助诸位读者学思并重、知行并进，得以尽快跳脱拐弯抹角、迂回曲折的人生冤枉路，并能参透幸福就在你我身边的真谛！

♥ 开发潜能　成就幸福

日常生活的每一天，你都是如何度过的呢？是否每日早晨都能容光焕发地醒来，在蓬勃朝气中活力十足地上学、上班、用餐、休息、学习、玩乐？在每一天的生活中，维持自身规律的作息，然后到了第二天，一切仿佛暂时归零，从头开始。这一切的意义何在呢？哪怕是在一早盥洗的振作时段，或是嘴里咀嚼着餐点的某时某刻，脑海里可曾闪过这些念头：如此日复一日，人生的终点会是什么模样？夜深人静时，倘若进行更深一层的思索，或许会想感受幸福的真谛、开发生命更丰富的潜能，明白唯有百尺竿头，更进一步，当一生获得期望的成就、寻得存在的意义，让今生不留白，方能对自己此生有个清楚的交代。

在你的生命进展中，有没有认真、踏实地做好每一件事情呢？随着日出日落，四季更迭，每日的生活都从迎来崭新的一天开始，也许前一天刚获得了丰硕的结果与成就，然而隔天却又一切归零，必须从头来过。这人生的"有"与"无"之间，你是否曾经反复思量、仔细琢磨，你所谓的"有"，究竟是有什么？如果"无"，又到底是少了什么？

一晃眼，这个世界在COVID-19（新冠肺炎）疫情肆虐下，已经过了几年。在病毒的强力侵袭下，人类世界被搅弄得天翻地覆，生活方式和行为模式都发生了极大的变化。为了防范彼此遭到病毒感染，日常各种亲密交流、群聚活动被

迫停摆。疫情严峻时期，即使是近在眼前的亲密爱人间的一个温暖拥抱，都显得那么遥不可及。

如今，随着后疫情时代的来临，全世界的人们都在试图恢复过往活跃的生活状态，恢复人与人之间正常的情感交流模式。各国重新开放观光旅游，许久未见的亲友得以再度重逢，社交聚会终于可以再次举办……人们对于生活、生命的热情渐渐开始回温，在彼此温馨交流、气场共振下，重新展现出一幕幕重逢的欢笑与感动的泪水。而人生进展中的你回到家呼呼大睡一场后，难道要像从前那般，隔天起床就一切归零吗？渴求幸福真谛的你，此刻应该让自己产生更强大的原动力，日日不停地成长、获取成就，进而在今生给自己一个完整的交代，不是吗？

在红尘人世中，如果我们可以清楚地感知自我的热情，更应该学会在热情中、在分秒里，尽可能地成就自己的每一件好事。天下不如意事，十常八九，好事的发生需仰赖天时、地利、人和，并不是偶然的，而你我得以借《遇见幸福》一书结缘，就像冥冥之中展开一场心与心的交流互动。我阐述的所有道理，都是希望你能够因此而成长、受益，并进一步开发今生的各项潜能，获得更丰盛的成就与幸福，这就是我的衷心所望。

❤ 了悟慧语　转变心境

　　回到文章一开始提到的，关于人生的"有"与"无"之间，究竟是"有"什么、到底是"无"什么，各位读者的心中是否已经有了自己的解答？在一生中数不胜数的机会点里，你所认为的"有"与"无"，以及实质上的"获得"与"失去"，这之间又有什么机缘？两者之间是否有实质关联？就像每一位"朝九晚六"的上班族，在每一天早上九点到晚上六点的规律工作时间中，生命的进展随着时间滴答而过，人生的岁月也随之递减，但是在其中的收获究竟是什么，对一般人而言往往仍是个问号。

　　佛语有云：菩提本无树，明镜亦非台，本来无一物，何处惹尘埃。这句佛偈是出自禅宗六祖慧能。虽然宗教能抚慰人心，但我们绝不鼓励过度迷信。然而若在日常生活中活用这句朗朗上口的禅语，它其实蕴藏着许多深刻的含义，得致更多耐人寻味、值得推敲的解释。可能有些朋友这一生的际遇总是飘忽不定，过得起起落落，五味杂陈，生命中的拥有与失去不断起伏更迭、忽隐忽现、似有若无、难以捉摸。有些人觉得大富大贵才是真实拥有的幸福，有些人却只求三餐温饱、亲人健康平安陪伴身旁的简单幸福。其实笔者觉得，

所有人世间的际遇，究竟是失去还是获得，全取决于自己的心境——一切唯心而论。

若你试着扪心自问："幸福到底在哪儿？"答案可能五花八门、不一而足，富足丰盛的幸福人生应该人人引颈翘望，只是每个人的定义可能不尽相同。家财万贯、锦衣玉食的奢华生活，可能是某些人眼中的丰盛富足；但也有人觉得只要日常生活没烦恼、健康没问题、财务无负债，或是家庭和乐充满爱的氛围，就已感到简单的富足、甜蜜的幸福。

"菩提本无树，明镜亦非台"，这世上是否真的有菩提树或明镜台，还得看你从何种角度来诠释，若是原本就不存在的东西，又何必一定要苦苦追寻呢？人们终其一生，所有外在事物生不带来，死不带去，又何须执着坚持追求？比如日常生活中，你花钱购置一个全新的器具，买来之后如何运用？它为你带来了多少效益，产生了多少功用？决定权皆在于自己的心念，也就是你"心"的抉择。请各位读者先试着厘清"境随心转"——环境随着意念而转的概念。

❤ 细品过往 科学验证

紧接着再请你用心思量：此刻正在阅读《遇见幸福》一

书的你，这一瞬间在未来将成为生命中的一个回忆，而它在你人生中所产生的作用、价值究竟是什么，这就有点耐人寻味了。也许你将因为此书的因缘，进行幸福潜能开发之旅，而后经由你坚持不懈的努力取得更大成就，进而在今生有了交代，成功让这一出人生大戏精彩谢幕。人生启程的时候两手空空，但是在往后的日子里，你此时此刻所有的付出，都是帮助你将来获得成就的筹码，都会支持你得到向往的成就，达成所有周密规划的目标，成为你这一生中的养分，进而圆满地完成今生精彩的生命旅程。

人生短短数十寒暑，出生时是宛如白纸一般的小婴儿，数十年的红尘生涯里，重点绝非你吃了多少、长得多高、重了几公斤，毕竟当你离开人世的时候，除了一身白骨、躯壳，又能剩下些什么？此时如果善用"菩提本无树，明镜亦非台，本来无一物，何处惹尘埃"这四句禅语来提升自身的"火候"，相信你的"道行"将不在话下。若能带入幸福潜能开发的概念，进而深入体悟营造自身能量的重要性，必能帮助我们更加顺利地拥有丰盛幸福的人生。

生命中的每一分、每一秒，都可以是你勇猛精进、展现身手的大好机会，但也可能因为你的疏忽懈怠而交出一张张白卷。此外也有可能每一个分秒间，你都在挣扎着偿还往

昔所欠下的前债，懊悔着弥补无心或有心的过错，甚至在每一个当下，你都可能茫然失措，站在十字路口不知未来该何去何从。若你希望避免自己堕落于愁云惨雾的深渊中，请即刻开创、努力建设，让今生不留白，让未来因为此刻的崭新抉择而分分秒秒更加踏实。未来如何收获全在于你此刻的抉择，难道你希望今生就这样庸庸碌碌过了吗？真的本来就无一物吗？错！如果今天你没有渴望改变的念头，就不会翻开此书，今日的阅读与你今生的生命走向，会产生什么样的微妙变化，取决于你自己如何抉择。

一切都是在分秒中、抉择里进展成阶段性的成就，进而让我们取得终生圆满富足的成果。所有的因缘，无论是小因缘、中因缘、大因缘；小环境、中环境、大环境，还是小事、大事，一切都不可或缺、不容小觑。就像我前一阵子的旅程，从美国乘飞机前往亚洲，途中需要在各个不同的城市转机，每一站都至关重要，漏了一站或坐错一站就到不了目的地。以此为例，可知每一天进展过程中的大小事项多如牛毛，对你的人生当然可能产生重大的影响，但在当下你能否具有足够智慧想清楚，弄明白，还是个未知数！

要如何知道自己的抉择究竟是对还是错，这就得耐着性子进行科学验证，一点一滴抽丝剥茧地厘清来龙去脉。一旦发现中间有小错误，必须马上改善、赶紧解决。此过程最好能一气呵成，因为过程中如果没有处理好，没能一鼓作气完成修正，很有可能因为一再拖延而让前面的努力全数白费，到了最后还是"零"，如果真是如此，那一切作为就没有任何意义了。在每个片段中，条理分明地循序渐进，乘胜追击直到结果定论，才是你实实在在到手的幸福成果。

幸福格言 所有人世间的际遇，究竟是失去还是获得，全取决于自己的心境；起心动念是善是恶，皆会影响行为及语言的顺理或违理，因此才说作恶行善，皆由心主宰。

1.2

营造因缘　累进筹码　开创幸福

生命中的每一件事都与因缘牵扯息息相关。先有种子落地的起因才能结成累累果实，而这个结果可能又将衍生出下一段缘起，往前一个小小的成就，会产生后续的因缘，如此周而复始地循环不已。当日事件能否顺利完成，要靠因缘的牵引，而这起完成的事件在未来不仅可能成为某个大因缘的基础，也可能是你今生树立更大目标的筹码，一切环环相扣。那么你是要立定志向后勇往直前地积极发展，还是要受制于工作、家庭、恋人等因素，被现实人生中各式各样的因缘追着跑？究竟幸福人生该由自己开创比较稳妥，还是要惊慌失措地被压力步步追逼？答案显而易见：当然是主动开创好！既然要开创，就必须在分秒间把握良善的因缘，才能顺利获得傲人的成就。

韬光养晦　厚积薄发

如何才能让因缘具足呢？以前的我们可能只是痴痴地等

待，乖乖接受命运的安排，如今的我们做法应该截然不同，因为阅读了《遇见幸福》一书，我们将明白一切因缘能否具足，还须靠自己去努力争取、营造、转念，并且适时为自己施打更有力的强心针。所以一旦你理解书中字句的含义，弄通了我的理念，亲身去实践幸福潜能开发的精要，待再次进公司上班时，你的表现肯定不同以往。也许老板看到你，觉得你特别光彩耀眼、积极自信，从而对你青睐有加，主动帮你加薪，那么升官发财不求自得。

以上就是红尘俗世间的现实，然而这并非我们生命追求的终点，为了到达人生的终极目的地——幸福圆满，此刻的点点滴滴皆是为了累进更多的筹码来作为我们生命成长的动力。所以每一刻你的抉择、每一个起心动念，都是为我们下一秒的精彩所达成的阶段性结论。如此环环紧扣，才能让自己不断地取得突破，向前进展。面对红尘世间的纷纷扰扰，每个人为求达标都要持续地调整、改进，或是尽己所能地一再努力精进。总而言之，避免轻易被考验困住，一再卡关，就是你我该时时注意的重点。

在这尘世间，我们可以让向往的一切有所进展，但也别轻易忽视红尘中所产生的诸多"化合物"——那些我们不想要却总是扑面而来的逆境。人生并非做几道简单的选择题就

可通过考验，更要运用智慧才能处置得当。一旦你没有积极处理、营造、计划，红尘的纷扰就有可能随着时间的流逝、空间的挪移而找上门来。用心阅读本书，学习开启智慧的你，更该随时随地、未雨绸缪地运用智慧化解危机，只要你把这一切想清楚，融会贯通并且应用得宜，积极开发幸福潜能的你，就会和一般红尘中人判若天渊，这些都是你旗开得胜或者次次获胜、秒秒告捷的重要助力。

当开发潜能让你获得突飞猛进的成就，千万别得意忘形、锋芒毕露，如果你以为自己高人一等，因此在办公室里嚣张跋扈，必定会引人侧目与反感，反倒使最终结果适得其反。这就是身处红尘中的你我，必须全方面考虑，彻底了解、完整吸收与消化幸福潜能开发技巧的关键原因。不是随便学得一招，就自以为了不起，或是多学了几招，就自认是大师，而是要全然地精通熟练，透彻了然什么是应该掌握的，什么又是绝对不该碰触的。说穿了还得仰赖"智慧"分析，有些人在人生旅程中经常莫名受骗上当，还会自我安慰："是不是在帮我消业障？"究竟为什么会经常被欺骗？事实上答案很简单，就是本身"智慧不够"！

若有人拿个小孩玩具诳称它价值百万元，你当然不会相信，但若一个人存心要欺骗你时，由于你智慧不足，不仅听了、信了，也接受了，于是钱财轻易就被骗走了。"智慧"其实与自身的习惯多有关联，也和本身过去的记忆息息相关，更和我们亲身的经验休戚与共。总而言之，诸多事项都是一脉相通的，为增长相应的经验与智慧，你应该多方面学习并加以验证，进而将从中得到的结论作为可能性的判断依据。在红尘俗世间是否能过得美好，一切全如自己所愿地成长成就，端视个人"智慧"而定。

❤ 时时省察　自知者明

不知各位读者是自觉聪颖过人，还是愚昧无知呢？其实什么想法都好、都对，但千万不要明明不了解自身状况，还误认为自己一直在正确的轨道中前进，更不应总是在结果不如预期时才后悔"早知道就不要这样做"，那就大错特错了！许多人经常在与家人、同事龃龉争执后，沮丧地说出"早知道就不和他们一般见识"的话语，这些懊恼都是多余无用的，因为其实你早知道"本来无一物，何处惹尘埃"，不是吗？

即知即行，知行合一，既然想追求幸福，就该竭尽所能地修出"智慧"，让自己本具的智慧获得充分展现及发挥。方方面面的学习都应具备精准度，讲求正确性，认清红尘里

哪些事该尽可能地努力达成，在何种境界中可将伤害化为零，将错误降至零损失。这些里里外外的应对进退、是非对错，都会依据我们的意愿在分秒间呈现天差地别的变化，长此以往，成就高低就会展露无遗。

我举一位相识八年的朋友的成长经验为例：八年前的他年少轻狂、气焰嚣张，是个天不怕、地不怕，坚信"事在人为"的小伙子，但八年后却蜕变为一名成功有为的青年。在这八年里，他在每一次的实战锻炼中磨砺成长，在一次又一次的经验里修正、沉淀，他循序渐进地达成阶段性的成就，一步步地稳定前进攀上今日的高峰。如今他的产品销量极佳，甚至受到部队青睐，将其应用在军事设备上。

凡事只要在智慧具足的情况下运转，大多能逐步趋于顺利圆满。当无尽的智慧开启，就会明白不一定要通过教科书里的知识才可以学习成长，红尘中还有许多机会可以让你"借事练心"。甚至会发现"深入经藏，智慧如海"——并非要背熟或研读所有经典，而是要选择一两部与自己相关的经典，深入了解并将其应用在日常生活当中，即能获得智慧的增长。若你真能把握分分秒秒，让自己成长、突破，将眼前的人生课题做得圆满，进而达到成就非凡的境地，那么今生便不虚此行。每一个当下课题的圆满，又将促成后面更大课题的圆满，如此循序往前迈进，待到迟暮之年，相信人生就了无遗憾了！

洁身自爱　无事不成

心境的运转是面对世间万物的重点所在。如果能活用"菩提本无树，明镜亦非台，本来无一物，何处惹尘埃"这四句禅语，无论是与家人怄气，还是与同事有过节，都不会再钻牛角尖而无法释怀，也唯有以智慧进行抉择后的力行实践，才能让你真正受益，提升自我。世上果真没有"菩提树"吗？或许是你没发现而已；没有"明镜台"吗？也不尽然。那么你又为什么要惹尘埃呢？既然不想惹尘埃，就应安住自己的"心"，保持正念，别再随意起心动念，徒增烦恼。

希望你能学习这种贯穿式、连续性的思索方式，一气呵成地将所有事情串联，直到想通透并得到结论。当你一时想不通时，不妨外出看看天空、晒晒太阳、呼吸新鲜空气，在每一个环节中，试着寻找各种可能性的突破，想方设法调动转念的能量，或许会在一呼一吸间使意念集中，天地的能量瞬间灌入身、心、灵，刹那间醍醐灌顶，豁然开朗。

全球人口数已突破八十亿，所以根本不需要总是把重点放在某几个人身上，处处与对方较劲，跟自己过不去。这些道理一旦想通透，原本彼此仇视，已经打算老死不相往来的同事，也许会因为你的主动示好，尽释前嫌，乐意顺势接受你的善意，两个人的关系就能够破冰、和好如初。这不就印证了"本来无一物，何处惹尘埃"吗？

以上观念不能仅止于你的阶段性了解，更要懂得随时灵活运用。正所谓"一念天堂，一念地狱"，一念想得通高枕无忧，一念想不通烦天恼地，而烦恼的后面还能有什么样的进展？并没有！只会每况愈下，所以别再自寻烦恼。人生苦短，何不让自己开朗、开心、开怀、开化呢？若想轻易跨越人生旅程中的"绊脚石"，相信前路尽皆畅行无阻，其中的关键点就是你要先准确自我定位，让自己拥有豁达的心胸。

笔者以最近一次漂洋过海的旅程为例，来说明做好设定的重要性。那日我匆匆忙忙地出门，到了机场才发现居然忘记戴眼镜，眼前的路牌指示以及灯号，尽是一片模糊，如此情形自然不能放任其延续，只好当场设定"我可以的"。结果还真奇妙，当下我认为反正看不清航空公司招牌，也辨别不出自己该排哪一条队伍才正确，为避免耗费时间，就选了个短一点的队伍，谁知竟然一选就选对了！前面居然还有人员向我招手说"请随我来"，不可思议地顺利完成我的报到手续及行李托运，仿佛是我先前的设定确实起了作用，借由眼前的这位贵人来帮我完成。

你说这是巧合吗？也许是，但如果刚才没有笃定地告诉自己"我可以的"，开启"自助、人助、天助"的运作模式，只怕难以如愿。毕竟若连自己都觉得不行，办不到，那么之后的一切肯定会犹如迷失在一片汪洋中，找不到未来归处，人群中恐寻不着你该报到的柜台，届时你可能会多走一些冤枉路，白费许多时间。一旦你认定事情可以顺利进行，冥冥之中自有安排，也许所有问题都将迎刃而解。

这是真实的运转还是迷信，其实只要谨记："心念"非常重要，"心念"就会犹如磁铁般能引来你心中想要的幸福好事。但如果心门没开，告诉你再多的理念、诀窍，仍难以有任何具体的互动，自然无法有明确的进展。听过"吸引力法则"吧？它主张整体宇宙和自己的心灵有所连接，当心念的力量够强大，就能影响宇宙频率，吸引你想要的任何事物来到你眼前，因此只要信念坚定则心想事成，丰盛幸福指日可待。

1.3

正确抉择　阶段成就　突破成长

　　你是否曾经因为某种情境，刹那间如梦初醒、豁然开朗，从此开拓了你的人生大道，沿途得到诸多贵人帮助，进而获得阶段性的成就？生命中总该遇到这样的好事，而我衷心希望你会因我的建议而受益。就在此刻，翻开《遇见幸福》这本书，属于你的幸福境界将随着你阅读的步伐而展开。请先思考：在红尘世界里，是想要过上人人称羡的幸福生活，还是甘于平庸，碌碌无为地辛苦过一生？相信你的选择肯定是前者，而既然选择过舒心美好的日子，就一定要真正了悟"幸福"的真谛。

❤ 生命真谛　秒秒掌握

　　有位随着我一同学习成长的朋友，起初生活中各种状态令人担忧，每况愈下，但他却愿意不断精进学习、成长突破，持续在各种可能的进展过程中，试图找出为自己加分的出路，所幸皇天不负苦心人，如今他总算熬出头了。他一路前行，精进不懈，在工作领域中开发潜能，飞遍世界开阔眼界，同时增添自信心，即使遇上批评、指教，也能坦然虚心接受，并诚心感恩对方不吝赐教，使自己有机会吸收新知，进而改善、弥补缺失，将缺点转变为优势，生活境遇随即有更多的进展、提升，而今总算熬出头，生活事业两得意，日子过得更加幸福、圆满。

我发现有些交流人生经验的团体中，参与者的年龄层极为广泛，小至稚龄幼童，大至耄耋长者，只因他们对于幸福人生的渴求同等热切，愿意积极地推进自己迈向幸福之路。只要你能作出正确的抉择，这一切的进展、成长、收获、成就，都会成为帮助你跨升至下一个层次的"垫脚石"，也会成为你开拓幸福的重要筹码，同时你将会了解，每一秒钟发生的种种境象，都有它的个中缘由与重要意义，绝非如同你往昔所想的那般简单平凡。生命中的每一秒钟都是关键，假设这一秒的机会我们把握不住，下一秒也将在不知不觉中从指缝间流逝，后续的人生更会难以掌握。

既然如此，每一秒的滴答声中，我们的思绪都该放在力求精进的目标上，同时做各方面的测试，验收是否达成自身阶段性的成就。无论大小道理都要看清楚，弄明白，小至包括你的一呼一吸顺畅与否，都要能了然于心并参悟其中；大到在你的各种进展过程中、最终结果里，时刻反省、检讨这份收获是否如你原先所期待，还是停滞不前、没有长进，甚至完全背道而驰。如果事态不如预期，请务必了解原因之后随时矫正调整，才可能有进一步的斩获——真正可以通往成长、成就大道的契机。

我们每一秒钟的进展，看似微不足道，实际上却有着实质重大的意义，为了能在今生给自己一个圆满的交代，我们必须在阶段性的成长中，想方设法地实现梦想，让自己收获最丰盛的成果。红尘世间有诸多抉择，有些值得你拼命去争取，有些却是你压根儿不该去碰触的，别人是勇追太阳朝向光明面，你可别傻傻地追逐烦恼"自寻死路"。

人生经常如此，在许多当下总认为自己是正确的，然而往往在事后验收、检讨成长与进步时，才后悔以前因为误判情势而作出错误抉择。追根究底，为了避免误判，我们应该提升自己的层次、境界，才能以更宏观的视野纵观全局，登上更高的境地，方能看清楚所有的选择、判断究竟是对还是错。在累进成长的过程中，必须时时激励自我，产生更强的信心，并随时检视自己是否行进在正确的道路上，而这一切的自我设定和督促，可以帮助我们的现在与未来，每天锲而不舍、持续不断地进步再进步。

以上都是有立竿见影效果的事实，犹如莘莘学子，若能彻底消化吸收老师在课堂上传授的知识，那么在校的成绩就有机会突破现状，出现跳跃式的进步。学习最忌讳拖拖拉拉，抑或囫囵吞枣的态度，好比大口咽下满桌的佳肴，却分辨不出个所以然来，就枉费了山珍海味。正确的做法应该是每吃下一口食物，就分析这口食物里有多少营养；每做一件事情，就检视是否一气呵成，如果这些举动能促使事情的整体运作顺利发展、获得成就，那么当然该义无反顾、勇往直前，坚守原则行事，寻找自己渴望的幸福。

💗 得失有无　处变不惊

在分秒觉察与修正的过程中，你的大小收获会源源不绝，各方的好事会纷至沓来，各种美好的可能性将突破人间世俗想象，穿越重重人群展现在你的面前。获得幸福潜能开发方法的你，会在这个过程中发光发热，宛如天地的新宠儿。所以千万不要妄自菲薄，只要你肯亲身力行，一步一个脚印地确实依循，就能在专属于你的道路上频频冲破难关，屡屡获取阶段性的成就，最终收获此生的幸福美满。

　　然而凡尘俗世短短一生，结果究竟是"有"或"无"、"得"还是"失"呢？红尘中的人、事、物，就在你眼前分秒不停歇地演绎着，为何会是虚无呢？红尘中的"有"，真的都握在你掌中吗？当你大学毕业进入社会后，或许很快会升官发财、结婚生子，紧接着儿女各奔前程，各自在其精通的领域中作出贡献，最后老家剩下的只有自己和老伴。那么之前经历过的所有丰盛境界，结论到底是"有"还是"无"呢？或许你认为"有"，但如今孩子们都在外县市、其他省份，甚至在国外工作生活，眼前家里冷冷清清，这么绕了一圈后，究竟是"有"还是"无"呢？有人依旧觉得"有"，也有人仍然坚持"无"，我希望各位读者能仔细思考以下问题：你人生中的种种，到底是"有"还是"无"？而"有"到底"有"什么？"无"又究竟"无"什么？在这有无之间，给自己一个通晓的智慧。

　　我们可以以一个办活动的"场地"为例：在办活动之前，这个空间空无一物，灯光熄灭，没有活动举办时人迹罕至，窗帘一拉上更是伸手不见五指，仿佛一座废弃的仓库。而后因为某种因缘，办理活动的相关单位订下了场地，承租这个空间来举行活动。为了迎接参与者的到来，许多前置作业的工作人员陆续进驻，一切的运转随即展开。刹那间灯光通明，冷气开始运作，背景道具一应俱全，桌椅摆放整齐，所有的人、事、物都齐全了。如果活动办得可圈可点，人人都会觉得丰盛圆满、幸福快乐，而当活动结束，参与者及工作人员全都离开现场后，相关设施布置一并撤走，灯光再度熄灭，冷气也已停止运转，这个空间又回归到原来的一片空寂。

在这一切的进展过程里，活动举行时曾有过的热闹繁华是个事实，但是随着时间的推移、人事的变迁，这空间场域最终依旧人去楼空、归于冷寂，它以不变应万变，仍然是原来的空间场。"本来无一物，何处惹尘埃"，虽然当时你进入了这个时空，目睹这一切从金碧辉煌至黯淡无光，但也许不动的空间场并不在意，因为它知道无论是谁，来到这里的人终究会离开，即使你在这里尽情玩耍、肆意狂欢、引吭高歌，它仍觉得无关紧要。

稳住心性　不惹尘埃

你是否曾因红尘俗世中的喧嚣纷扰而深感困扰？那些不想听、不想看，完全不愿浪费一分一秒时间、精力去了解的事物，却经常像苍蝇一般环绕身旁，伴随在你的日常生活中、生命进展里，既挥之不去又无法释怀。每个人或多或少都有过相似的经验，依据上述的例子，可以将其比拟到自

己的生活环境当中，如前所述接纳他人活动的空间场、建筑物，一切的纷纷扰扰终究会过去，那么在那熙熙攘攘、人声鼎沸的当下，你又何必如此认真、入戏太深呢？

如果你已经具足阶段性智慧，懂得善用当下各种人、事、时、地、物，来帮助自己扮演好眼下最适当的角色，竭力完成每一步进展，奋力跨步前行，让自己的人生朝着正向发展，将收获更富足丰盛的大成就。相反的，如果这个空间场太过于执着它原有的宁静氛围，当有人闯入扰乱它的安宁时，空间场一心只想着如何把这些乱源一脚踹出去，那么这个空间场就失去了它的功能，变成没有用处的建筑物。

每起进入你心房里的事件纷扰与否，事实上全都由自己决定。只要你的高度够，看得清，非常笃定明了这一切的变化轨迹、运行模式，就能自在微笑地面对来到你时间旅程中的所有人、事、物。凡事你都能淡定以对，安分守己，不会听到一点风吹草动就轻率地随之起舞，如此一来，你的人生便能永保平安与顺利，更能如愿收获这辈子的成长与成就。希望你能把这些道理想通，既然本来无一物，又何处能招惹尘埃呢？这一秒间，真正有所了悟的你，应该不会再和谁过不去，本书阅读至此，你肯定有些非凡的收获。

　　人生不就是这么一回事：总是因为各种纷纷扰扰，影响了自身的健康、感染了我们的心情、左右了我们的幸福，对生活的方方面面产生了不良的作用，导致今生的不幸福。为何人们要如此的愚昧，成日被一些没有搞清楚的念头所困扰，不但踌躇不前，还错失了生活本该有的幸福？所以"菩提本无树，明镜亦非台，本来无一物，何处惹尘埃"，这四句偈语对芸芸众生来说有多么重要！但若只会念诵它将毫无意义，还要懂得随时灵活运用在日常生活中，在人生进展的分秒中、大小事项里，可别错误引用了这四句禅语。例如：你总是一再告诫孩子，在学校见到老师、同学，要记得说声"老师早""同学好"，倘若你叮咛了十遍，他都无法做到，你认为要不要再讲第十一次呢？也许你会开始质疑如果这样做，必定会招惹出更多尘埃，但事实当真如此吗？这一问题值得你我深思。

　　我想提醒你的是：在这人世间、天地之间，总要弄清楚做人的真实意义，该做的事情必须限期完成，该尽的义务务必诚实履行，这是你的本分。你今天走在路上，看到一张纸屑特意弯腰捡起，你认为自己是在做好事，日行一善，其实不然，这只是你为人处事的本分。人之所以为人，在于人有高尚的情操、高贵的品格，所以你看到地上的纸屑，担心别人会一脚踏着滑倒，因而把它捡起来，这就是一种崇高的人

格。或许你会质疑自己每天捡纸屑也没得到什么收获，到底该继续捡吗？我还是会建议你持续捡拾，长久养成的良好习惯，不该停止吧！在你的人生旅途中，坚持做优雅的绅士与淑女，对自己绝对有益无害。

人生中有诸多似是而非的事件，许多时候会让你觉得好像对，又好像不对；应该做，又似乎不应该做，所以维持正确的逻辑思维至关重要。希望你能遇见一位对的老师，传授你天地真理、正知正见，让你在正确的方向上精准学习，而不是徒然耗费一生精力，去钻研许许多多不该涉及的事物，反倒耽误自己开发幸福潜能的契机，着实可惜。

1.4

自我提升　人生顺遂　好事连发

　　做人要善尽自己的本分，该做的事情就必须义不容辞地去做，该尽的义务就要责无旁贷地去履行，包括你该要学习的、该去实践的，任何该勇往直前完成的事，都必须全力以赴，在所不辞。还有一个重点是"坚持"：即使已经讲了一百遍好话，也要义无反顾地再讲一次，不用质疑是否会令人反感。何妨换个角度思考，多讲好话所累积的筹码及益处，提升的是自己，获益的也是自己，如果你未曾想通此观念，可能讲到第一百遍就失去信心，开始有所怀疑，讲到第一百零一遍便懈怠了。一旦你开始消极松懈，意志薄弱，后续就无话可说了，硬是把自己储存一百次的活力，及种种可以进展的筹码给泄了气，将让自己加分的可能性大幅减低。务必谨记：今生是否能如你所愿的关键，全都在于你自己的抉择与坚持。

❤ 成败吉凶　操之在我

人生正是如此，如果你对于该做的本分事没有那么斤斤计较，习惯成自然，就不会产生巨大的压力，更不会因此而透支心力、烦恼加剧、难以成眠，这些小小的本分在日积月累之下，就有可能让你的人生幸福指数大大增加。倘若人生因此而好事连连，诸事如意，生命之旅不就更加顺遂吗？所以要尽可能一试再试，一试不成，越挫越勇，再接再厉，终有获得成功的一天。即使你今天做的好事没有得到回报，明天做的好事也未能获得回响，后天仍要继续做好事，"皇天不负苦心人"，只要用心默默耕耘，总有一天必得收获。《易经》所言：积善之家，必有余庆，积不善之家，必有余殃。蕴藏着中国古代贤人的大智慧，拿大数据去观察研究，就能印证这句话真实不虚。

人们有时难免遇上脑筋打结、思绪混沌不明的纠结时刻，因而中断做好事的习惯，不做当然比较轻松，但因偷懒而得的快意，对你未来人生的幸福毫无帮助。"天助自助者"是不变的真理，所以多做好事、活络人生，带动各方面的成长，使生命有所增益，更加富有意义。如此每天一点一滴地进步，人生成绩单才会越发耀眼。既然是好事，就要一直

延续、保持，唯有守住初心始终不变，方能好运连连幸福绵
延。关键在于你是否想通透、有否实践，再给自己实验、印
证的机会，直至看到自己确实的成长、进步。

　　我希望每位读者都能有所成就——开发幸福潜能、获致
丰盛幸福，而非光说不练，说一套做一套。所有的抉择点都
掌握在自己手中，就像家长陪同孩子应考，又是帮忙扇扇
子，又是倒水，还为其按摩放松……若孩子自身不愿意做足
准备、认真应考，结果自然不尽如人意。人生其实无比奥
妙，眼前日常中每件事情的细微进展，都能一一对应到未来
生活里的吉凶祸福以及生命成长的方向。若从今日开始你肯
步步落实，就会觉得每一天都活力无穷，充满希望，好事不
断。衷心期盼各位读者能在事情的初始就自我设定，清晰定
位生命的发展方向，以主动积极来取代懒散的一天，绝不再
退缩怠惰！

　　积极主动者追求人生丰盛、幸福，渴望开发无穷潜能，
无论在生命中的哪一项课题上，都竭尽所能地对自己有所交
代。假若亲朋好友能因你的成长受益而深获启发，和你携手
并进完成诸多大小好事，则彼此共好共荣，好运连绵，富贵
常围绕身边，幸福洋溢扩展至小区邻里、社会国家，甚至全
世界，那就是无限美好的世界了。与此同时，我慎重提醒各

位读者，千万莫因一时受挫而心灰意冷、意志消沉，如果这是一件好事，就不要怀疑该做还是不该做，既然是好事，你就循规蹈矩地尽本分去执行，其他就交给老天爷。天地自有它运行的道理，你的大小作为和心念、生活中的各种因缘，以及生命中每时每刻的运转，都在为你的幸福潜能执行全方位的开发。

公道自在人心，真理永远长存，是非善恶终有报，待时候一到终究会发挥作用，只是有时前债未清，导致时机来得晚一些，就怕你因为尚未尝到恶果而胡作非为。当时机到来，过去所种下的诸多恶因可能会一次全数奉还，而只要你定位方向清楚，持续不懈地做好事，就能有所收获。我在此还要提醒大家：一鼓作气、一气呵成至关重要，借事练心的功夫也不可少。我们既已身在红尘中，借由红尘俗事的考验可以积累我们的筹码，借着待人接物、应对进退，修习我们的心性，提起自身的觉性，就能让人生的幸福大道走得更为和谐、顺畅。

拟订计划　好事常驻

如何开始规划你的幸福潜能开发？你可以试着拟订一张计划表，每天按表操作，过程中可能会让你感到称心如意，也有可能让你觉得不够尽兴，但若你仍坚持实行计划表的内容，勤勉不懈，终将有所成就。奇妙之处在于当你依循自己制订的计划表，日复一日地实际执行时，在你与计划表之间隐隐约约会产生某种奇妙的连接，日久年深忠实地按表做着，感觉上它好像早已成为自己应尽的责任和义务，而且已升格成一张"丰盛幸福养成计划表"。

万事起头难，肯用心去做就不用怕做不好。也许一切刚开始起步时会有些挣扎、疑惑，因为你还未能感受到浓厚的成就感，然而只要你定位正确，坚持不懈，无须数十年工夫，也不必一年半载，可能只要一两个月，其中的成长与阶段性的成就也许就会显现。此外你还会惊讶地发现：原来拟订计划表这件事，就是整个人生计划的一部分！你亲身落实眼前这张计划表，在不知不觉中就与人生计划相互融合，最终得到了最扎实的成就、最丰盛的幸福。这整件事简直令人难以置信，太不可思议！

当一切条件陆续满足，我们就能开启许多与天地对应的丰盛礼物管道。对的事情就持之以恒地执行，而且要加倍精进再精进，即使一开始可能要花点力气，但是转着转着就会越转越顺。只要你不懈怠、不变心、不敷衍，坚守初心，自身的好运也将随之转开，各种好事都会被吸引到你的身边运

行，家运、健康、财富，等等，在你身边每一个当下都有好事接连发生。当一切的好事都围绕着你运转，吉相、贵人自然就会显现，帮助你获得奇迹般的成就来圆满这一生。而这不正是你我渴求的丰盛幸福吗？

在过去的日子里，被动的自己也许未能收获多少好事，现在主动积极的你不可同日而语，顺手一挥即能成就大小好事，而且愈加活力四射、朝气蓬勃，因此每一天都希望无穷、正能量满溢。人生在世的几十年说长不长，说短不短，一晃眼云烟即逝，当我们不懂天地真理时，也许就这样草率地被迫演完人生旅程的每一幕戏码，但若我们弄懂、弄通人生的真谛，领悟做好每件事情的重要性与决断力，人生舞台的每一幕就都可以让我们尽情演出，发光发热，在各项成就上不断增益。莫说花上数十年光阴，想想光是一年三百六十五天，就可以发生多少好事呀！让我们在积极的努力营造中，把自己身上的各项筹码变得更加丰盛，更踏实地过好幸福的每一天。

💙 生活之美　用心发掘

所谓"一沙一世界，一花一天堂"，即使是一粒细沙，也有许多微小生物住在里头，当你仔细观察一朵花，可以看到宇宙在花心排列展示的艺术之美。细心体会万事万物的微妙之处，总是令人啧啧称奇。

从道家思想观之，这世界亦十分微妙，你所看到房子就这么大，如何把它看成一个世界，则要看自己的"心"如何定位，当我心中定位这栋房子是一个世界，它就是一个小世界。假设我完美找到在一个小世界里的对应点，并且将该完成的事情都做到位，再将它们对应到外面的广阔世界时，则会发现一走出这道门，在外面接触到的各种人、事、物都是助缘，一旦水到渠成，瓜熟蒂落，自身的成果也就超乎想象，竟然能够达到如此丰盛、富足的境地！

对应到风水学来看，如果家里窗明几净、整洁有序，则能促使家运昌隆、家业兴旺，外出时也会顺风顺水，好事连连，因为房间收拾得整洁舒适、干净明亮，能量的流通就能稳定顺畅、不受阻碍，居住者自然能心旷神怡地徜徉其中。在我们内心深处也好，计划表里也罢，当一切的进展都处在正确的轨道上时，就要坚持不懈地循序渐进，顺势一直往上提升，让所有的事物都维持在最佳状况下继续推进、发展，顺理成章地帮自己创造一个良性循环。

只要长期处在良性循环中，无论是内在身、心、灵三者

的状况，还是外在的生活景象，都将因此获得改善，渐入佳境，而当你所接触的一切越发让你感到舒心自在，则越能与天地万物有所接通，所期盼的丰盛境界将不求自得。所以要择善固执，坚持不懈地完成正确的、理应完成的所有事情。

因为自己所坚持的事情全都渐渐精准到位，所对应到的点、线、面发展远远大过自身所设定的这张计划表，这时请牢记这个感觉，它就等同一个平安符的概念。宗教的平安符可能就是一张纸，无论是手写的还是印刷的，很多被折成八卦形状放进可随身携带的红色袋里，即被认定可以产生某种神秘力量，依据要求来保护当事人。事实上，你自己的那张计划表里，已包含了你对世间万物的人生观，还有它、你、天地间三者相互融合的力量，或许它乍看之下只是张无字天书，但它助你迈向幸福人生的成效，应该能远远大过于庙宇纸折的平安符。

阅读至此，请认清一件事：富足幸福的诸多因缘早已全数掌握在你的手中，幸福不必外求，更无须翘首以待，因为你本身已经具足幸福潜能。这世上有各式各样的人：大善人、富足的人、安乐的人、无忧无虑的人……简言之就是"幸福的人"，而聪明如你，是否已经准备好跻身幸福人儿的行列呢？那么最快捷的方式，就是落实这本《遇见幸福》的理念，亲手播种下这颗正确的思维逻辑观念种子，在红尘中勤于提炼智慧来浇灌，他日在累累成串熠熠闪耀的成果中，你将找到自己独具的光芒，并借此迈向幸福人生的康庄大道。

幸福格言　　"心念"犹如磁铁般能引来你心中想要的幸福好事，但如果心门没开，告诉你再多的理念、诀窍，仍难以有任何具体的互动，自然无法有密切的进展。当心念的力量够强大，就能影响宇宙频率，吸引你想要的任何事物来到你眼前。

第二章

练习幸福来报到

2.1

厘清观念　躬体力行　积极改变

如今我们已认清开发幸福潜能和天地间的正负能量运转息息相关，也知晓了富足丰盛、幸福人生的诸多密钥，悉数掌握在自己的手中，接着就该进入"实战篇"，进行自我调整，唯有身体力行、多方练习，并加以实验、实做、实证，方能迎来幸福丰盛的人生。我在过往的人生历练中，曾接触各式各样的人，他们与我分享了诸多追求幸福的成败经验。本章将以他们的人生故事作为实例，来为读者指出幸福潜能开发的练习过程中，该格外留意的诸多细节。

正向前进　生活成圆

有位朋友曾向我提及：他每一天都会因为生活上一些不如意、不顺遂的事情心情沉闷低落、意志消沉、郁郁寡欢，甚至情绪陷入低潮无法自拔。他听说经由伸展双手画圆的练习，对于平复身心状态有所帮助，于是想求教于我，是否可以借由随时随地挥动双臂画圈的方式，来解决自身心绪郁闷的问题。而我只得据实相告：画圈方法只是辅助的工具，思维逻辑观念正确、畅通与否，才是最根本的大问题。从当事人的生活境况来看，就可以看出他的逻辑尚未通顺，所以千万不要本末倒置，在一个点上钻牛角尖。当思维观念不通透，没有走在正向的路径上，无论如何"画圈"，都不可能真正"成圆"。

另外有位朋友，为改善生命质量而追求幸福潜能开发，由于已具备数年的相关学习经历，即使面对各种难缠的人生课题，心中仍然能保持"爱与感恩"全力以赴，唯独对于患有自闭症及有抑郁倾向的儿子，却是劳心焦思、百般担忧，怎样都无法放下一颗悬着的心，这让他感到十分痛苦，不知所措。虽然已带儿子就医进行治疗，其症状也已有所改善，但无论自己去到何方，总想把孩子带在身边亲自照料，致使自身的生活秩序遭受严重影响，无论工作或学习，常常会因为儿子而分心。这位朋友满心期待地求教于我，希望我能够为其指点迷津，传授他"放下"这门功夫，因为这些年来他四处求助于专业人士，付出相当的努力，不但没有获致成效，反而愈加感到力不从心。

在我看来，世间的一切都与能量开发密切相关，亲子之

间也是一样的道理。若想发挥影响力，确实照顾好、保护好孩子，自己就必须先成长壮大，自身的能量场不够强大，负面能量一来搅和，自然就无力转动劣势，因此自我强化是首要之务。父母牵挂孩子乃人之常情，但若是逢人就表现出忧心忡忡或牵肠挂肚的负面情绪，整天担惊受怕，对于任何事情的正向发展都毫无帮助。你的能量要足够强大，才可能产生充分的影响力，否则无论如何担心，问题依然存在，丝毫无法减轻其严重性。当自己有了显著的进步，也许境遇就能有所改变，也才会有正向的能量关心、鼓舞、激励对方，避免苦上加苦，二人一同沉沦。所以重点在于你一定要先壮大自己，即要努力提升自我的正能量，随时累积福德，如此才有强大的内心，以及向他人伸出援手的足够本钱。

💗 执行能力　最大帮助

一些朋友提出健康方面的问题，例如：有人脑部出血，导致身体失去平衡感，走路时容易摔跤，需要借助辅具或别人从旁搀扶。虽然医生表示失衡的状况未来应该会逐渐改善，但当事人总是希望能尽快通过某些方式，让自己的身体可以早日恢复正常。事实上这一切的发展，依然存在能量的作用力，当事人因为旧伤导致走路无法平衡而懊恼，医生则依据他所知的理论，推测随着时间的推移有可能逐渐复原，但确切的时间点究竟为何，医生也难以给出明确的答案。

人生中总有无数个不能获得正解、无法得偿所愿的难题，后续会如何发展，恐怕只有老天爷才会知道确切答案。也许你曾经向上天祈愿、祷告："我愿意多做好事行善积德，请你助我一臂之力！"我要实言相告：这么做完全正确！只要你言行一致，诚意感动天，天助自助者，你的行为及愿望必能上达天听。所以请你继续坚持自己的善念悲心。而既然允诺了上天，一定要化为行动多行善举，待你的正能量场日益壮大，天地自然会赠予你想要的丰盛幸福人生。

有时候人们会迷失在与家人、朋友的人际互动中，混乱了幸福的能量场。例如生死的忌讳与禁忌：由于亲情的牵绊，赶着前去见即将过世的亲人最后一面，却担忧生者与死者之间的肢体接触，可能会造成双方不良的影响，或对自身的运势产生阻碍。其实只要你有足够的正念，正能量够强，心无旁骛且没有杂乱的念头，会发现那不过就是一种正常的亲人间的接触罢了。尤其如果你们日常的相处感情融洽，就更不可能引发什么负面问题，所以切莫再庸人自扰。天下本无事，别制造额外的负能量，扰乱彼此的能量场！

另外还有一个真实案例发生在一个朋友的身上：有位友

人被朋友邀约合伙开创事业，在所有事情都上了轨道后，其他伙伴就不再插手过问公司的任何事情，全权交由友人处理，不加以干涉。换言之，其他人不仅赋予他十足的信任，完全相信他的业务能力，而且给出最大限度的自由运作空间。当事人确实有独当一面的工作能力，无论是执行力或是行动力的表现都近乎满分，但还是不免疑惑为何股东都不闻不问、漠不关心，总是得自己一人承担各种大小事务，而非众人一起互相扶持"共创"事业？

听完这位友人所传达出的无助和牢骚，我郑重其事地提醒他：此刻不妨冷静反思，以地毯式搜索的方式找出自己总是单打独斗的根本原因。如果合伙人彼此互动良好，也许只是其他伙伴因婚姻、亲子等事务繁忙，抽不出时间来对你表达关心。若你自己的确可以独力掌控得宜，又何须执着于这个点呢？如果你具备优秀的能力又能够"成事"，那么这些凡尘俗事不应该成为你的包袱。现下你经营得风生水起，生意蒸蒸日上，只要多多开发潜能，开阔眼界往前继续发展，朝着丰盛幸福的大道迈进，那些微不足道的小事，根本不值得成为你幸福人生的"绊脚石"。

此外，还有一些人在幸福潜能开发的挑战里，经常三心二意、犹豫不决，自认有彻头彻尾改变的决心，却未曾付诸具体的行动，总是为自己寻找各式各样的理由、借口，来证明是因为心余力绌，导致抱负难展。事实上，如果连你都放弃了自己，旁人当然也帮不了你。切记自助、人助、天助，一切还是操之在己！

💙 点滴营造　学会放下

我曾遇到些长者，他们对于幸福人生的渴求也不遑多让，总是不断祈盼上天能帮忙开启智慧，以面对诸多红尘烦心恼人之事，希望自己的情绪更加平静，身体状况更好，能得到老天爷更多的护佑与祝福。其恳求诸事平安、身体健康的程度过深，导致关心父母的子女们跟着生起烦恼心，着实不知如何是好。借由这例子，我希望各位朋友务必彻底学会"放下"这门功夫，并懂得调动"祝福"这一项强大的正能量，二者相辅相成，才能进入幸福潜能开发的实际运作中，迈向幸福圆满的人生。

我还遇到过一个案例：一位因为运动而拉伤肌肉的朋友，看遍中西医，做了各式各样的治疗，病痛却始终难以根治。为什么他向往的健康幸福迟迟未能降临？在我看来是"贵人"尚未显现罢了，已经看了多位中西名医，如果医疗的效果不理想，那显然是未能对症下药。其实只要"贵人"显

现，情况就会大不相同，也许遇到某位医生或是高人指点，突然间就药到病除了。若"贵人"迟迟未显，大概是因为他的时运不济、运气不佳。一句老话：为了让"运"快速朝正向转动，竭尽所能地营造正能量才是上上之策。

伟大的物理学家爱因斯坦曾说：用制造问题的脑筋去解决问题是行不通的。因此，在营造幸福的过程中，千万不要畏缩犹疑、忧心惧怕地用旧有的思维逻辑去四处摸索试探，为自己招引更多的繁杂问题。我建议你不必过于心急，更无须焦躁不安，应当先试着设定一个短期的目标，认真将它落实，同时在过程中，慢慢增进自己的信心。事实上，很多事情在一步一个脚印的执行下，问题症结就逐渐地松开解决了，若凡事先担心害怕而不敢勇敢面对处理，以致前置预防动作做得不够完整扎实，后端相应的灾厄很可能就会出现。现在你已经明白事物运行的法则，"坐而言，不如起而行"，选一条正确的道路以智慧和勇气坚定前行吧！沿途发生任何问题，就立刻想办法着手解决，如此一来，相信你所心心念念的丰盛幸福就在不远处等着你！

2.2

持续精进　提升能量　解决问题

世人每时每刻深切地期盼拥有丰盛幸福，持续摸索开发幸福的可能，然而许多时候纵使费尽心力，幸福感却依旧若隐若现，无法稳定。有时认为幸福近在眼前，触手可及，有时又感受到自己与真正的幸福似乎尚有一大段距离，可望而不可即。由于每个人都有各自独特的人生，究竟要如何才能获得真实的幸福，委实难以有个标准答案，许多人一辈子辛苦奔波，最终依然空手而回，着实令人嗟叹。

💙 丰裕福德　说服他人

在探索幸福、追求幸福、开发幸福潜能的过程中，许多人都曾遭遇困境，人人有希望，却个个没把握。如果缺乏正确的逻辑思维和人生观念，只在错误的轨道上一再空转，或没有深入红尘借事练心，精进修炼心性，莫说三五十年转瞬即逝，百无所成，即使人生百年而至，也只能徒呼负负、抱

憾而终。为了避免这种遗憾发生，延续前一章节的"实战篇"，以下再举其他实例来探索如何开发丰盛的幸福人生。

家庭议题应该是大多数人感觉最棘手、最难以克服的困境之一。俗话说："不是一家人，不进一家门"，我们无法得知究竟是基于怎样的因缘，今生才会在全球八十亿人口中，凑在一起成为一家人，即使是有着血缘关系的骨肉至亲，你与其他家庭成员之间到底会结下善缘还是孽缘，互动之间将产生什么样的结果，也没有一个准确答案。

曾经有一个案例：有对兄弟多年来因为钱财问题反目成仇，始终恩怨难解，他们的母亲因此忧心忡忡，将兄弟阋墙、同根相煎一事视为心底最大的伤痛。她非常希望获得一些有效的建议或指示，去化解孩子们的冲突，因此不断地向外寻求解决之道。她认为自己与两个儿子分别相处得非常融洽，孩子们也十分尊重母亲，许多事情都愿意听从母亲的意见，唯独关于兄弟俩因金钱而起的恩怨，无论自己如何动之以情、苦口婆心地劝导，始终无法解开兄弟之间的心结，令她终日愁眉不展，忧心如焚。其实这整件事的关键因素，就在于这位母亲的正能量不足。

两个孩子感情不睦，代表他们彼此间的因缘不佳，即使母亲与两个孩子间各自都有极好的关系、良善的因缘，也难以缓和儿子们相互间的孽缘。假设今日身为母亲的你很想挺身而出，当一位将双方关系"化成圆"的调解人，偏偏此刻的你分量不够，因此"心有余而力不足"。在无力插手的情况下，唯有你继续精进努力，丰足自身的福德资粮库，增加自己的正能量场，才能在必要时展现出足够的力量，让他们在彼此的恩怨情仇前，能够优先重视你的教诲，认真聆听你的谆谆劝诫，进而愿意遵从你所说的道理。总之，只有先把自己的能量场提升，孩子们多年的恩怨，才有可能因为母亲足够的分量与影响力而和解。

❤ 失败经验　感恩面对

有些人耳根子软，容易听信江湖术士的话，认定自己这辈子命运多舛，不可能拥有幸福美满的生活，一生际遇注定悲惨、坎坷。他们往往认为自己的"命"糟糕透顶，霉运连连，厄运缠身，不但天生劳碌命、缺乏贵人缘、毫无帮夫运……而且说不定哪一天就会以离婚收场，从此无依无靠，孤独终老。于是开始自暴自弃、怨天尤人、牢骚满腹，对任何人、事、物都抱有愤慨不满的态度，对今生感到绝望。

尤其当今国际超乎寻常的天灾人祸不断上演，更令人无法乐观看待地球的未来。年长者或许自觉日薄西山，需更加珍惜生命，一番感叹之后仍会积极乐观过日子，但是部分年轻人竟变得怀忧丧志，认为反正人世沧桑、世态炎凉，理想生活追求不易，只能庸庸碌碌地过着平凡人生。这种人似乎看不到未来的希望，觉得人生一片灰暗，因此失去奋发向上的动力，认为即使再怎么砥砺前行，以个人微不足道的力量，根本抵挡不了大局势向下坠落的洪流，因此沦为"躺平族"——由于对整体大环境感到失望，决定不购车、不置产、不谈恋爱、不结婚、不生娃，仅维持最低的生活标准，拒绝成为资本家赚钱的工具、被剥削的对象。诸位是否曾认真思考过，假若年轻一代人人"躺平"，人类的未来如何有进步的可能性呢？

未来的社会，人类真的完全没希望了吗？因为过多的负面危机感充斥全世界，所以人们什么都不用想、不用做了吗？如果因此抱着消极的情绪、想法度日，就显得你缺乏智慧，由于智慧不具足，便误以为自己的问题就是全世界的问题。实际上那些预设的糟糕情况根本还没发生，或许借由全人类勠力同心，尚有挽回的余地，倘若你自己先放弃，全球年轻人都倒下去"躺平"了，未来的世界就真的一丝希望都没有了。

无论你是否通透了解我们身处的地球，它始终持续不停地运转，不曾有一时一刻的停摆，既然你必须生存于其中，就该想办法先让自己充满正向能量，具足丰厚的潜力，如此一来，在面对所有艰难挑战时，才能胸有成竹，胜券在握，品尝幸福果实。若常常因外界的一丝风吹草动，就成了惊弓之鸟，方寸大乱、人云亦云，甚至提早缴械投降，那着实是严重缺乏智慧的表现，人生方舟恐怕难以抵达幸福之境。

此外，我还想提醒各位追求幸福潜能开发的读者：人生还有一大段路要走，不要害怕一时的失败，尤其是过程中的挫折、困难、批评等，这些都是帮助你在艰难中激发韧性及潜能的原动力，反而要带着感恩的心去面对，甚至能够甘之如饴、无怨无悔。只要你应对得当，并且在所有的难题中，抱持正面态度真正受教，这些逆境就可望在瞬间化为你成长的养分，助你安然抵达你所思慕的幸福彼岸。

♥ 累积资粮　强大自身

以下提到关于健康与生死的问题，绝对是你我无法轻忽的人生大事。有位朋友的血管上长了一颗肿瘤，由于所在之处进行手术风险较大，万一处理不慎恐有生命危险，虽然已进行了手术治疗，肿瘤却无法完全切除干净，以致相隔一年

后肿瘤又复发。如今只能试着与它和平共处，只是它会不会再继续增大，以目前的医学水平无法预测，一般人似乎只能随顺天意，抱持"有拜有保庇"的想法祈祷。

如果以上的事件真是来自"天意"，就要思考如何把天意想清楚，弄明白。天助自助者，病人要努力增强自身的能量，同时还要和时间赛跑，因为你根本不知道每过一秒钟，天意会如何发展，肿瘤会严重到什么地步。肿瘤在治疗后复发，代表病人的负能量一直都在，而且越聚越强。通常人类利用医学治疗，可以为病症做一些改善措施，但是如果这是一个"命中定数"，恐怕就难以将其彻底转变，因为已经不再是医学层面的问题，在天理循环中，就得另外寻思医学以外的解决方式。

另一个例子：有人因为听信了死亡预言而惶惶不可终日，每晚都生怕过不了"鬼门关"而心生恐惧，甚至还被建议短暂出家以躲避灾祸。然而如果命运、定数真是注定如此，即使躲过一时，也躲不过一世，因此这绝非一劳永逸的解决之道。与其胆战心惊度日，不如从此刻开始，开发各项潜能以精进智慧、修补漏洞，把人生中该做到的一切良善事情做到位，把该要提升成长的部分尽快落实，全力帮自身累积正能量以扭转命运。面对这个死亡预言的抢救生命"保卫战"，你切莫再和自己开玩笑了，一定要争分夺秒地与时间赛跑，若还"三天打鱼，两天晒网"，让负能量有机可乘，那也许真的会有不好的事情发生。

当你着手进行幸福潜能开发，确实认真学习、精进时，哪怕真的有不好的事情发生，也许也会因为你的突飞猛进、略有小成而时来运转。反之，如果你还是和当年状况一模一样，骄傲自满、毫无进取之心，那只怕一切都没得谈了。

想要破解生命中的各个难题，自身的福分和正能量最为关键，得靠你不断地努力积累，使负面能量愿意妥协、放手，不再对你继续纠缠、烦扰，从此才能摆脱那些不幸的境遇。为了开发幸福潜能，大幅提升我们的正能量场，可以先给自己定下一个具体的小期许与小目标，接着一步一个脚印地奋勇向前行。对幸福的追求没有人敢保证一定会成功，成败全在于自身的智慧和抉择，你必须为自己建立信心，在日常生活中为自己争取每一个幸福潜能开发的机会。记住"自助、人助、天助"的规律，丰盛的幸福才有希望从你手中创造、建立，福荫后代子孙。

幸福格言 不要害怕一时的失败，尤其是过程中的挫折、困难、批评等，这些都是帮助你在艰难中激发韧性及潜能的原动力，反而要带着感恩的心去面对。只要你应对得当，保持正面态度真正领受，这些逆境就可望在瞬间化为你成长的养分，助你安然抵达思慕的幸福彼岸。

2.3

下定决心　丢弃繁杂　昂首阔步

　　想要获取幸福人生，过上丰盛富足的日子，除了前面章节所提到的必行项目，你还必须要有身、心、灵全方位的健康，以作为能量运作的基础。健康与饮食的关联性大小见仁见智，但你一定要明白"能量"无疑是特别关键的点。倘若一个人的正能量充沛，便能顺利化解外在的负能量，如此一来，现实的纷扰就不容易对自身造成严重的伤害。而我们吃下肚的食物所带来的效益甚广，并非只是单纯补充营养而已，其中蕴含的能量都会被身体吸收、储存、运用，不同食物中富含的复杂元素与能量，对于人生健康和运势的影响，远超乎一般人的想象与理解。

💙 未雨绸缪　预做准备

　　我们的身体不一定能够完全吸收食材蕴含的营养成分，所以必须额外补充一些营养素来维持健康。若将身体比喻为

一片培育、滋养万物的土壤，一旦土壤不够肥沃或某些元素匮乏，则难以收获丰硕的果实，因此人们借由一些养生方法或食用保健食品等方式来辅助身体健康。坊间流传的养生秘方不胜枚举，各家标榜改善健康状况的理论不尽相同，倘若我们缺乏全盘了解就盲目投入，或事前没有深入研究自身的体质是否合适就胡乱套用，最后的整体效果可能会大打折扣，甚至适得其反弄坏了身体，导致后患无穷。

与其道听途说各家繁杂的健康论述，不如下定决心，确立自身正确的核心思想，为自己设立一条准则。想要顺利找到适合自己的健康饮食法，得仰赖自身丰沛的正能量，以智慧辨别各类相关信息并加以整合分析，再运用科学的方式进行筛选，才能帮助自己觅得一把健康永驻、幸福常保的人生密钥。

有些人总是"平时不烧香，临时抱佛脚"，平日不老老实实地未雨绸缪，预先做好准备，事到临头才着急地想方设法补救，挖东墙补西墙，最终往往因为结果不尽如人意而患得患失，焦虑不安，经常让自己处于慌慌张张的状态，非但心情得不到平静，更难以高枕无忧，如此怎会有丰盛幸福可言？许多难以承受的局面，多半由当事人的拖延习性而导致，而他们自始至终对此毫不自知！

平时防患于未然，做足准备至关重要。听闻有些人很排斥做健康检查，在基于某些原因不得不为之时，就会对看检查报告这件事心生抗拒，然而该要去拿的报告还是得拿，必须面对的现实终究躲不过，如果被医生告知需要即刻动手术治疗，再怎么不愿意也无法逃避。倘若在此时间你患上了某种疾病，而医生已告诉你所有可能实施的医学措施，或许你可以问问他能否再给自己一些缓冲时间，不要那么急着处置，然后赶紧把握为自己争取来的一丁点儿时间，自愿积极投入营造、实验，开始为自己积蓄正能量，加入我们的"幸福潜能开发"学习之旅。

❤ 更新思维　确立目标

世事难料，在开发幸福潜能的精进过程中，人生百态尽现。有些人自觉体质异常敏感，常出现种种不适状态，给生活造成困扰；有些人则是因为心门未开，不懂得自我调整的技巧导致屡屡受挫；也有些人执着于梦境的示现，纠结于真假难辨的梦中世界，对局势好坏思前想后，始终耿耿于怀。有以上困扰的人，不妨先试着保持好自己的心境，同时学习以下的心态：无论面临什么情境，请认真投入眼前的现实生活，守住心念，其他不必多想，这一切的抉择权皆掌握在自己手中。

若你不懂抓紧机会的重要性，拖得越久，夜长梦多，越容易造成不利的后果，当一连串的报告、结果一一展现，就会变成一条无法阻挡的直线，一刻不停地持续延伸，你根本得不到喘息的机会。因此，我们得分秒必争地与时间赛跑，一旦你发了愿，有了渴望要完成的事，就请你赶紧去做你力所能及的所有好事，好事一经完成，则会有后续的运转及境界显现。所以千万不要事到临头了还犹豫不决，质疑自己认为的好事究竟是该做或不该做，这简直就是浪费珍贵的生命，随着时间的流逝，在不经意间分秒流失幸福的甘泉。

在人生数十载的宝贵光阴中，难免会遇上艰难险阻，面临"瓶颈"无法突破的时刻，若一时头脑混沌失去方寸，甚至自以为被无形之物所侵扰，将简单的事情想得太过复杂，任谁的意见都不愿采纳，情况只会越来越混乱。若是你正惨遭此番困境，并渴望拨转这般失序的场面，不妨先静下心来，深吸几口气慢慢地调整呼吸，试着安定自己的心念，直至稍微能够静心的那一刻。然后，把你以前面对人世间的狭隘视野、看待红尘万物的固有模式、因循守旧的僵化思想，全部进行一次大规模的重新建构。

也就是说，过往所形成的那些不合时宜的观念，或遇事马上联想到负面人、事、物的不良习惯，需全数彻底抛弃、更新。若不想把生活过得浑浑噩噩，日子过得糊里糊涂，甚至整日以泪洗面茶饭不思，可先行善用"深呼吸法"，练习到能随时缓解自己焦躁不安的情绪，直到内心感到平静安和为止。接着，朝向方方面面努力求得善缘，让所有事情尽量往良善的方向及简单的层面去发展，不要再把那些与你无关的日常杂事全部揽到自己身上，否则就是耽误了自己的前程，浪费了美好的生命。如此即能确实学会转念，掌控自我进行正面思考。

紧接着还要确立目标、精准定位。可以先拟订一个小目标，当小目标顺利达成，自然会产生自信心，同时增加正能量，继续多次练习完成各项小目标，便能增添强大的信心，接着把握每一分每一秒努力精进，朝向远大的幸福目标前行。自你学会运转自身强大的正能量开始，红尘中举凡家庭失和、亲子决裂、人际关系不佳等错综复杂的恼人问题，对你而言都将变成小事一桩，再也伤不了你。

💙 双向沟通　积极营造

亲子问题或家人间的恩怨情仇都需以智慧来化解，而最关键的核心就在"沟通"。有些人自认为是沟通高手，可

以轻易将人际关系维持在一定的水平之上，然而面对最亲密的家人时，却总会出现沟通障碍。我有位已届退休年龄的朋友，育有一个患有自闭症及有抑郁倾向的儿子，二十多年来父子的关系总是剑拔弩张，火药味十足。朋友无法与孩子进行良好有效的沟通，孩子也懒得搭理他，选择自己一个人搬出去住，这件事令他郁郁寡欢，并将糟糕的父子关系视为这一生最大的遗憾。

沟通是一座"双向"的桥梁，顺利沟通的首要条件是必须先放下"强势"的态度。倘若直接强迫人家认同你，这就不叫"沟通"，而是"命令"了。一旦你保持着过于强悍的态度，对方自然不愿意与你展开不对等的沟通。也许这个儿子原本准备打开心门，要与老爸深入沟通、交流，然而最后的结果却总令人大失所望。一次、两次、三次……长此以往，他便渐渐地关上心门，不愿再轻易敞开。想要改善这样的关系，首先要记住大原则：放下"强势"的态度。希望有相似情况的人能改变自己，重视对方内心的感受，尊重别人提出的想法，当对方察觉到你愿意真心转变，沟通的桥梁就有望重启，恢复正常了。

由于这位朋友的家族里，不少成员都饱受抑郁症缠身之苦，皆进行过药物治疗，令他不禁质疑：忧郁症是不是会遗传？而且朋友的父亲也是一个非常难以沟通、亲近的人，据说在其过世之前，从未对自己的小孩说过一句赞美的话语。既然当事者有过类似的不愉快经历，身为家长更应该避免和自己的孩子陷入这样不健康的关系中。市面上有诸多教导人际沟通交流的书籍，多多阅读有益无害。

另外还有一位愁肠百结、夜不成寐的家长，因为天生智能不足的孩子而整天忧心忡忡，总是期盼还有一丝机会帮助孩子提升智商，或者多增强一些生活自理的能力。这种情况除了医学的解释外，很有可能是身上过多负能量没有消除所导致的结果。天助自助者，此时可以祈求老天的帮忙，试看看借由自身的积极营造、修炼，能否创造出更丰厚的正能量来转动人生，使这孩子和家长都少受一点折磨，开启智慧，获取幸福的人生。

2.4

调整心态 矫正缺失 调动因缘

当人们在追求幸福人生的过程中，面对健康与心理等棘手的身心问题时，除了求助医学，总是渴望能够获得深层疗愈以恢复平静。事实上，"疗愈"是人类与生俱来的本能之一，心的能量会在我们受到心理创伤时自动进行修复，若能够发挥出正向的能量帮助自身恢复到初始平衡的状态，就算是一次成功的疗愈。想要顺利有效地进行自我深层疗愈，请先跟着本书学习幸福潜能开发，并且长期在日常生活中营造、练习，以累积自身的正能量，还要结合"爱与感恩"这两项重要的能量，一并运作，才能让自身随时随地都处于健康幸福的状态中。

♥ 化解恩怨 全面疗愈

人人都知道对症下药的重要性，所以深层疗愈自我的进行也必须适时、适性，才能针对症结发挥最高效益，永保身心安康。除了调整不正确的旧观念、旧思维，如果能敞开心门，学习接纳各种正能量，并借此回顾自身的生命历程进行方方面面的潜能开发，即可累积足够的正能量。通过"能量平衡"的自我疗愈方式，来弥补相应的缺憾，可以让我们能量具足，稳定踏实地通往丰盛幸福大道。

延续前面章节的实例说明，我们继续来探讨一些其他的例子。有位朋友表示由于曾经摔跤跌倒，造成颈椎受伤且后颈血管变形阻塞，全身的血液因此循环不良，手脚的灵敏度大不如前，甚至偶尔会有麻木、疼痛感。此外，他还有睡眠呼吸障碍的问题，鼻腔因过敏发炎而长期肿胀阻塞，致使睡眠质量甚差，日常作息混乱，每天苦不堪言，难以忍受。虽然当事人已遵照医嘱服用治疗药物一段时间，却无法根除身体的不适，病情仍旧反复发作，最后就连精神状况都受到严重影响，身心饱受折磨。当事人急于摆脱这种身心煎熬的境况，只求提高生活质量，如正常人一般健康地度过余生。

接着看看一位忧心长者的故事。这位长者有位可爱的孙儿，和其家人定居在国外。那个孩子正处于活泼好动的幼童年纪，却在一岁半后因为时常跌倒而就医，被诊断出一种罕见疾病——肌肉萎缩症。对于这一类发病原因不明的罕见疾

病，除了必要的医疗救治之外，不妨试着朝"断恶修善"的方向努力，探讨是否有些方法得以补救。

一般人面对种种不幸的遭遇，可能会手忙脚乱不知所措。我的建议是可以从清朝康熙年间秀才李毓秀著作的《弟子规》着手进行学习，书中以德行教育入门，阐述人们应遵循的生活规范与修习方法，告诉众人什么是做人处事和应对进退的技巧，并借由其来改善现状。从根本的道德教育着手，将它作为日常生活中方方面面的准则，在道德基础扎实稳固的前提下，才有可能进一步开发潜能，调动正能量，让自身能量场达到平衡，身、心、灵恢复健康，进一步迎向丰盛幸福的光明大道。

💙 圆满秘宝 《弟子规》

《弟子规》原名《训蒙文》，是一本作于清朝年间的文学作品，依据《论语·学而》第六条，孔子"弟子入则孝，出则弟，谨而信，泛爱众，而亲仁。行有余力，则以学文。"的言语，以三字一句、两句一韵的文体方式编撰而成，列举为人子弟在家、外出时，待人接物应遵守的礼仪与行、住、坐、卧间的规范，其中特别讲究家庭教育和生活教育，核心思想则是孝、悌、谨、信、仁爱与学文。全书短短一千零八十个字却阐述了求学之人应遵循的生活规范与修学之道，应先在日常中扎下德性根本，再追求个人的丰富学识，以此作为推动仁德事业的基础。

在开发幸福潜能的练习与营造中，请仔细研读《弟子规》，建议可以在网络影音平台上搜寻相关的讲座视频，并以其内容为标准，悉心观察、记录自身日常的言行举止、思维观念，是否有哪些习惯需要加以突破、调整及改善。也许你记下的那些需要改进的"点"，正是你长久以来所积累的负能量，不如趁现在难得遇上的机缘，彻底进行全面调整、大幅改善，给自己一个全新的开始。

我们可以善加运用《弟子规》中所传授的方法，针对未能达到幸福圆满人生终极目标的问题，进行更深层的挖掘探讨，并将锁定的问题一一列出，然后将自己德行上的缺失逐一改正，接着在内心深处给自己一个明确的指令："这个问题已经解决了，继续改善下一个问题！"这样的举动不光是给了自己交代，也在无形中增强了自身的正能量。

若你能彻底矫正长年的不良习惯，不再犯相同的错误，一步步循序渐进，人生境遇就可望逐一转变，或是遇上贵人前来相助，积极地突破现状，吸引新的善因缘靠近，逐步达

成幸福潜能开发的终极目标——拥有丰盛的幸福。切记！在你严格落实各个方向的练习与营造，并提升自身正能量的同时，莫忘敞开心胸，怀着"爱与感恩"之心，接收天地的正能量，喜迎好事连连的幸福之境。

♥ 有备无患　不再忧愁

有些人的逻辑观念不够清楚透彻，容易因为掉以轻心、疏忽大意，而未把一些小缺失、小错误视为需要即刻解决、加倍重视的问题。其实，别人的问题也极可能成为自己的难题，我们应该学会借鉴他人的生命故事时刻自我警惕，随时提高警觉，借他人的事练自己的心，谨慎小心地厘清当中的应对进退之道。如果我们能未雨绸缪，在负能量产生影响之前，先发挥正能量积极补强一些应该具备的观念，也许就能避免后患与祸事的发生。

我常劝勉众人务必牢记"有时想无时，莫待无时想有时"这句至理名言。为了让我们的人生可以更顺遂、更幸福、更圆满，除了要能树立忧患意识，做足充分准备外，还需精进学习、积极营造，激发出常备不懈的必胜决心。如此不仅可以尽数解决方方面面可能发生的问题，还能让自己大幅成长，为此生创造更有意义的未来，同时让更多人见证你的一路成长、蜕变，不但为你感到骄傲，引以为荣，更想了解你是如何拥有现今的丰盛幸福的。届时你就能够以自身"开发幸福潜能"的经验去引导、帮助更多人，并借此机会累积福分，何乐而不为呢？

宇宙天地的智慧浩瀚无垠，广阔无边，所拥有的力量绝对不是平凡之人可以想象的，但是经由我们热情的营造、坚持不懈的努力，往往能够好事成真。负能量产生作用的过程中，若你十足的勇猛精进，摒除过往的不良习惯，待方方面面有所改进、脱胎换骨之后，情势很可能在刹那间扭转，助你摆脱危机。在此，我再次强调要有"负能量最大"的概念：由于当初你对他人有所亏欠，如今债主来讨报合情合理、天经地义，因此千万不要小看负能量的作用力，它可能早早就在一个极其细微，你平时根本不会留意的情形下悄悄运作，而且已经深深影响着你，在无形中造成你的损失。

要知道许多严重问题的产生，多半是由诸多小问题组合与积累而成的，看似错综复杂而扑朔迷离，其实总有对应的源头点能厘清千头万绪，令大问题的根源水落石出。当我们面对大问题的时候，首先最重要的就是试着"由果推因"，找到事情发生的源头，接着开始一步一个脚印地进行处理。

千万谨记"种善因，得善果"，这是彻底改变命运、迈向幸福的不二法门。

从本章所举的各种案例中可以得知，若能抓住机会彻底落实《弟子规》的训导，掌握时间作方方面面的调整、修正，早日开发正能量，化解负面能量，就能安然渡过一再受阻的难关，预防层出不穷的问题。毕竟今日不彻底解决难题，他日遇到问题时，得花费更庞大的时间精力去处理，不如趁现在有缘遇到能够一劳永逸妥善处置的好方法，确实地牢牢把握，尽早解决各种难题。

既然你我有幸因《遇见幸福》一书而结缘，希望你能够每天勤勉地反复研读，吸收书中的微言大义，从中开启你的人生智慧，从而探讨生命的真谛，实践生活的艺术，进而领悟生命的深层意义，提升本身的正能量，彻悟解决人生各项难题的必要条件。只要你有心愿意解决问题，并实际躬体力行，问题也许就能有如神助般地顺利解决。当你了悟"有时想无时"的道理，平常有多余的时间与精力，就要赶快多多行善积德，对自己而言绝对是百益而无一害，你必定可以因此而过上幸福生活！

幸福
格言

当我们面对问题时，首先要试着"由果推因"，找到事情发生的源头，接着开始一步一个脚印地进行处理，同时彻底落实《弟子规》的训导。千万谨记"种善因，得善果"，这是彻底改变命运、迈向幸福的不二法门。

第三章

潜能开发有一套

3.1

自我开拓　突破创新　发光发热

俗谚云"有志者事竟成"，只要坚持不懈，一旦练就扎实深厚的功夫，铁杵也能磨成针。滚滚红尘中的芸芸众生，无论是处理凡尘俗事，还是精炼生命修行，在生活面临挑战及种种关卡困境时，只要保持"天下无难事，只怕有心人"的决心和"铁杵磨成针"的毅力，坚定志向勇往直前，总是能够比一般人更容易达标，获取心中的幸福成就。我长年接触各行各业、形形色色的人群，也参与过各类团体，主持过无数场分享聚会，通过彼此之间的相互协作，成员们尝试自我认识、自我探索，从而自我接纳和自我肯定，最终多能成功促进个人成长。

💚 探索自我　立定志向

人人都想追求丰盛幸福的富足人生，有些小孩子努力精进的程度，相比一般成年人甚至毫不逊色，着实令人佩服。

我见过一名品学兼优的学童，在学校里经常获奖，参加各项比赛总是夺冠，而他不只是个成绩优异的"学霸"，还被众人封为"生活智慧王"，为人处事拿捏得当，应对进退恰到好处，对于自己未来的人生也有周全的规划与远大的期许。"有心就有福，有愿就有力；自造福田，自得福缘"，我们需立志达成预想的目标，即使第一次、第二次无法成功，只要不气馁地练着、练着……终有一天一定能如愿以偿。小朋友都能做到这种程度，我们大人是不是应该深刻反省，更加努力追求成就？

每一个人都有无限的潜能与长处，重点在于你有没有开发潜能、深掘优点，而且你的长处很可能是独一无二的，别人不见得拥有。当具足智慧的你认清了自己的优点和缺点，能够主动扬长补短，积极地自我营造，所求自然更容易如愿。想要真正开发潜能，拥有幸福，更该立志发愤图强，在自己扮演的角色上用心钻研、精益求精，坚守工作岗位，尽忠职守，进而在人生舞台上发光发热。

试想：即使是天赋异禀的奇才，有谁天生什么都会、什么都懂？倘若你资质不凡，却安于现状不思进取，结局往往功亏一篑，反之，你若缺乏聪明才智，当然要比别人付出更多的努力，才能脱颖而出、成绩斐然。而在立定志向的

阶段，我们宁可先立下远大志向，就像一个喜爱歌唱的孩子，可能会说出"我一定要比周杰伦还厉害"的豪语，或许会受到他人取笑，但未来的事又有谁知道呢？至于你究竟行或不行，何妨先自我鉴定：如果天生的歌喉、声线、唱功稍显逊色，就别老想着要媲美周杰伦，或许你文采动人、妙笔生花，有潜力成为歌唱界幕后制作高手，下一位知名作词人"方文山"也许就是你。

人生的分分秒秒，总是少不了自我开发与开创的时机，而自身的优势通常是由自己来发现的。世界有大约八十亿人口，很多人搞不清楚自己的长处究竟是什么，以致无法推动自己发挥才学、取得成就，迈向富足丰盛的幸福之境。而尚未明白自己的长处到底为何者，关键往往就在于自身不懂如何开发"潜能"，也没有机会受伯乐赏识，因而长期被埋没，抱负难展，有志难伸。

如同种子落地，凡事总有个开始，而你所立定的志向，加上"知己知彼，百战百胜"，就是一个良好的开头。要先了解你在人群中能做些什么大事，再借由比别人更成熟的火候来精进、营造，反复强化练习，从而在人群中发挥自己的优势，创造佳绩，成就辉煌，缔造传奇。

　　你的潜能究竟在哪方面？要如何开发？你得先找出答案，才能专心一致奋勇向前。人往往在只剩单一选择、没有退路时才会义无反顾地潜心修炼，激发出惊人的潜在力量，奋不顾身地勇往直前。一旦拥有过多的选择和退路，反而容易找出更多借口和理由来说服自己"转弯吧""回到舒适圈吧"，这样一来，终究难以发挥出自身无穷尽的潜能。

❤ 发掘长才　获致财富

　　想要改写人生、掌握幸福，请先找出自己的长处，并尽可能开发自我潜能。试着先准备一张白纸，坐在书桌前细细思量一番，把你所有的长处、优点全部记述在纸上，条列清楚，然后分别针对每一项长处进行深度分析：现代社会对于你此项长处的接受度如何？后续是否具有发展价值？它是人人钦羡的重点才能吗？逐一帮各项长处打上分数，总分较高的予以保留，分数过低的就暂不考虑。当你慢慢厘清该挑选哪些长处进行后续的强化，将来才有可能在社会上发光发热，而且更符合时下人们的需求。接着你要进一步思考的是，如何在这些长处上有所突破？哪些有创意的方式能帮助自己快速地成长、跃进呢？

　　"潜能"顾名思义就是一种可以无穷发挥的潜在能力，代表具有诸多的可能性，相反，若你从未想过开发自己的潜能，那么一切就是"万万不能"。如果你能够掌握每一个当下，了解自身所拥有的种种筹码及优势，更进一步将其充分淬炼、发扬光大，你就会从中看见自己的过人之处，因而大幅增加自信心。可别轻忽信心的重要性，若是缺乏信心，即便是原本熟练的事项，也可能会卡关。如果你期许自己一次就成功，必须带着足够的信心，加上破釜沉舟的决心，才能在努力中突破、成长，进而获得辉煌成就。你的未来一旦启航，经历多次的突破、成长与成功，建立起良性循环的生存模式，幸福圆满的境界就近在咫尺，仿佛触手可及了。

　　人的一生若是已经获得许多的成功，会不会渴望更加殊胜的成就？我相信答案是肯定的。而只要用对方法，每一个人都可以开发出自身的潜能，将最好的一面发挥得淋漓尽致，耀眼夺目。举例来说，有人认为自己的弱点在于语言表达，因此在人际关系上经常吃亏，希望能够进一步开发"说话艺术"方面的潜能。我们可以试着探讨：开发说话艺术的潜能之后，对于富足丰盛的幸福人生有何帮助？当说话的潜能被开发后，人和人之间将借由言语更加密切地交流，就可以促进情感的沟通，增进彼此间的互动与信任，那么对自身的幸福丰富度肯定会有长足的促进。

　　无论是亲情、友情的交流，还是职场人际的互动，抑或各种网络的延伸，若拥有出色的口才，并将其运用得当，必定能提升幸福指数。倘若懂得精进、升华此项长处，把它变成你人生的后盾，尽情发挥所长，大展身手，那么它就能成为你的一项财富、筹码。试想人与人之间的交谈、各行各业的谈判答辩、林林总总的沟通磨合，都需要用到语言交流，施展说话才华的机会比比皆是。只要能尽情展现你的专长，同时将其精进、淬炼得更加专业，假以时日，众人定能感受到你话语间的与众不同。无论你是从事销售工作，或是成为一位专业讲师，一定能备受人们喜爱，成为个中翘楚。

　　除了家庭里、职场上可运用到说话的专长外，在生命的提升上也可以利用它拉近人与人的关系，广结善缘。由于会说话、说好话，能提升自身的正能量，各种善因缘的萌发将四面八方不求自来，后续就可能有意想不到的收获，让你在诸多事务上更加得心应手，一步一步地往前迈进，众所瞩目、难以企及的卓越成就一举达成，精彩丰富的人生就此全面展开。如此看来，说话才能的显现与运用，就确实成为一项难能可贵的财富。

💘 正确运作　站稳优势

在某些歌唱训练班里，初学者从首堂课的歌声表现，到结业验收时的登台演出，其中的差距可谓天壤之别。原先唱歌五音不全，经常破音、跑调或忘词，但基于"必须成长突破"的自我要求，凭借不懈的努力，自然能进入一个正确的轨道学习、成长，更因为自己下定决心，成就了各项成长的条件，短短数周的时间可能就脱胎换骨，完美蜕变，不可同日而语！由此可知，任何事情在自助、人助及天地的祝福中，都可以心想事成，顺利达标。

我希望各位读者都能像充满赤子之心的小朋友那般，拥有丰沛的热情，并能调适心情，随时随地都抱持"无论如何总是要勇往直前"的心态，全力以赴地向前开创、加速发展。红尘中人不能害怕挫折，不能画地自限逃避挑战，认为日子还过得去就觉得心满意足，并非你我不知足，而是我们希望能够进一步成长、突破，成为更好的自己。在正确的轨道上进行我们该有的努力，奋勇前行，证明自己也可以拥有幸福的人生。

我曾遇过一家人，全家人都明了正向的能量运作的道理，愿意认真学习精进，努力营造正能量，因而获得积极向上的心态，一家人平安幸福，每个孩子都颇有成就。其中一位成员在大学刚毕业时，手上没有任何的资源，后来有幸遇上出资者邀约共同创业，在他的努力耕耘下，事业做得有声有色，公司在COVID-19（新冠肺炎）疫情肆虐的几年间，业绩依然逆势成长，员工增加到数十人。有一次他很想参加某个国外成长团体举办的活动，却苦于当时公司业绩衰退，难以抽身，于是他积极运用成长团体的教导方法，让全体员工感受正能量的作用，而后果真通过正确操作让业绩如期达标。合伙人见状甚为欣喜，大力鼓励他前往国外参与活动，以期达成"自助、人助、天助"的圆满效果，真所谓皆大欢喜。

"穷则变，变则通"，如果不先自助，怎么会有人助、天助？求新、求变才能为自己找到出路，上述例子就是先设定业绩成长目标，奋力跳脱阴霾，因此自然能心想事成，顺利达标。我们想要开发潜能，就不能天天满足于现状，否则容易缺乏向前的原动力。"坐而言，不如起而行"，当你下定决心追求幸福的人生，就必须积极营造，用前一秒的勇猛精进，营造下一秒的丰盛幸福氛围；从一小步的主动积极开发，努力扩展到卓越非凡的一大步。千万不要自作聪明、作茧自缚，自己阻碍自己的发展途径，现实人生总在分秒间分

出胜负，需时刻观察自己前一秒和后一秒的差距是否明显？有没有向前进步？是不是持续提升？能不能创新开发？同时还需注意有没有被他人追上、超越。我们要随时随地自我挑战，即刻勇敢突破，马上查验结果；平日做足准备，当机会迎面而来，就能发挥自身的潜能优势，获取辉煌的成就。

3.2

❧❧❧❧

开创优化　成就非凡　幸福圆满

　　如果一个人本身足够强大，无论身处何方都能成为核心焦点，这类型的人想必确实拥有真才实学，而不是空心草包。不知各位读者有没有思考过，在办公室里有什么简单高效的方法，可以发挥自己的优势，实现自身的价值，能够绽放光彩、光芒四射呢？试想：职场中的人脉是否重要？我想多数人都会赞同"其重要性不容小觑"吧？平常就应该妥善经营维护你与同事人情互动间、真情流露中的点点滴滴，尽量让彼此同舟共济，和谐相处，才不至于增加自己崭露头角的阻碍，也才是智慧具足的表现。此外，更要提升专业技能，优化自己的逻辑思维能力，唯有方方面面兼顾，砥砺前行，方能在众多竞争者中脱颖而出。

💜 突破现状　随时加分

　　办公室里的内勤工作者无须面对客户，可以怎么进行

开发呢？其实只要有心发掘，机会俯拾即是。例如：假设你工作的SOP（Standard Operation Procedure，标准作业流程）步骤有一、二、三，总共三项，你能否将其全面升级优化，甚至罗列出个别的核心方向与细项目标，让老板对你的才能感到惊艳？又或者能否自我训练，加快脑筋灵活运转的效率，面对各式各样的问题，皆能在短时间内给出多个方案？

人总是要突破、要成长，求新求变，做点和以往不一样的事，这样生活才有挑战性。如同机器人般重复相同的劳动，该有多枯燥乏味呀！无论你是企业界的大老板，还是办公室里的小职员，灵感及创意都是一家公司成功与否的关键因素，总不能拖三年才寻出一个可行的方案，假使竞争对手十秒钟内已有五个好主意，光是以量取胜就轻易击败你了，而这些灵光一现的创新点子，还可以即刻进行实验印证呢！

你若能学会这项动脑绝招，熟能生巧，改天有机会和老板、上司一起开会时，便能够快速提出确实、有效，又极具建设性的提案，让主管频频点头之际，更加赞赏你的条理清晰、观点明确、角度新颖、言之有物，这样一来你就在他们心中留下深刻印象，往后开始走路有风，最终鹤立鸡群，傲视群伦。另外还有一项关键点在于你会因此恃才傲物吗？相信你应该有智慧做个懂得进退的智者。与此同时，我要提醒你谨记"穷则变，变则通"的道理，在任何公司里，老板欣赏的员工，都是朝气蓬勃、活力满满、创意无限，能带动公司成长的"能量达人"，而非那些成天萎靡不振、精神涣散、马虎苟且、敷衍塞责的"差不多先生"。

对一个追求成功的人而言，"领头羊"的开创者之姿相当重要，创新不是纸上谈兵、空口白话就能成就的，而是要持续不间断的学习、进行各方面的实验，从中细腻观察，不断调整、修正，在一点一滴的进展中，最终积累丰盛的成果，获得独树一帜的成就。然而，万一结果不尽如人意，不但没有为自己加分，反倒是扣分怎么办？这时就要回想先前所为，探讨究竟错在何处。失败为成功之母，你可以从惨痛挫败中习得成功的秘诀也是好事一件，千万别因一时的挫折就灰心丧气。当你积累几次追求成功的经验，自身潜能获得开发后，将对加分之道越发熟练，渐渐成为同事眼中那颗闪闪发光的星星。

只要一天没有开发、创新就是在浪费生命。你分明可以一直处于加分的状态，为什么要半途而废呢？就好比有些女生只要多画一点腮红，妆容就会更加妩媚动人，为何不把那一点补上呢？补足就是一种进步呀！无论是小目标、中目标，还是大目标，让我们不断地优化升级吧！此外，还要牢

记在心：无论从事哪一种工作，当你身为新手，从无到有、从生疏到纯熟的过程，往往特别的艰辛曲折、痛苦煎熬，这时千万别感到气馁、绝望，因为其他的资深前辈之所以游刃有余，挥洒自如，是基于他已对所有相关事项以及流程了如指掌。就像你刚转换新职场时，总需要一段适应期，待熟悉一切后才能成长突破。如果只因你在适应期无法得心应手，一遇挫折就迟疑不前，甚至放弃未来的美好前程，那就太可惜了！

❤ 把握助缘　即知即行

现代社会科技快速发展，通信技术拉近了人与人之间的距离，提高了彼此联系的效率，因此助缘也相对增加，例如外卖产业、网络直播电商、线上远距课程……多样的新兴产业蓬勃发展，获致成功的机会比起从前多出许多。然而不同的人就算使用同样的方法，也不见得能获得相同的成功结果，其中的差别就在于潜能开发的程度。大家都想获得开创精彩人生的契机，但并不是闲坐在家等待，机会就能从天而降，我们必须随时随地把握每一个机会，分分秒秒在进步中求得发展。同样的十分钟，你是慵懒散漫、得过且过，还是在六百秒里毫秒必争、积极进取、勇于开拓，人生结果的丰富度自然大相径庭。

红尘中人各自有其思维误区，都存在薄弱环节，难免有贪图安乐、怠惰因循的时刻，总觉得自己起早摸黑辛苦劳作，希望在各个成长阶段中，能找个理由休息放松，但是成功者却选择在处境艰难的时刻，依然坚持不懈向前迈进。想要彻底开发潜能，也许我们应该总是不休息地持续勇猛精进。或许有人会提问：一旦彻底开发潜能，难道完全不能休假吗？当然不是。若当真要休假，则要留意你应尽的本分是否恪守、资源的储存是否充足，该谨守的本分绝不越雷池一步，应遵奉的金科玉律绝对拳拳服膺，随时留心自己是否维持在准备就绪的待机状态，才得以适时见机推进拓展而永无止境。今日放弃休假掌握大好时机，明天就可能因此迎来意料之外的机遇，做着做着因缘就来了，做着做着好事就成真了。但若没有先行付出努力，一切不过是妄想、空谈罢了。

"坐而言不如起而行"，你究竟有没有潜能，口说无凭，只要实际操演，亲自体验，尽全力实践，你就会知道自己是不是那一块尚未被开发的璞玉。或许你身上带有多块璞玉尚待开发，亦即你身怀丰硕的财富，而如何开发它并且持续推进拓展，获致财富成真的目标，唯有靠你身体力行，求真务实。只要你愿意，有什么做不到的？但并非任性地为所欲为，毫无拘束，肆无忌惮，出发点必须是真正想让自己成长

获得成就的愿望，一旦你开始全心全意投入，就会发现你所心心念念的成果会逐渐完美展现。

如果你可以在"天时、地利、人和"之下，把自身的潜能发挥得淋漓尽致，进而使其成为自己独有的财富、筹码，岂不是人生一桩美事？要注意的是，人的潜能种类多如繁星，而你的潜能在供需平台上是否顺应潮流，适得其所？当人们没有需求时，再好的创意都可能被视为粪土，而一旦天时、地利、人和三者聚合，商品供不应求、人人争相抢占时，你花费心神、耗费人力开发的潜能就会被视为难得一见的奇珍异宝，而你也会感到脸上有光、春风得意、喜不自禁。以前的我们只会一味地祈求贵人出现相助，而如今明白事实上"贵人"就是你我自己，当下的分秒就是助缘，在秒秒的滴答声中不空过，懂得掌握自我，推进拓展，我们就会一步步往成功的目标迈进。

❤ 勇猛精进　获致圆满

通过实验探索、开创自身潜能，确立方向后历经千锤百炼，精益求精，就像前面章节提及在歌唱训练班里，起初五音不全的学员也能拥有如黄莺出谷般的美妙歌声。在追求成功的过程中要深入分析自己到底缺少什么，欠缺的就即刻弥补，多余的就断然淘汰，经过适当调整就能越来越接近完美。"有志者，事竟成"，除了天生蕴藏的待开发的资质潜能，再加上后天的努力勤练，以及坚持达成目标的信心熏陶，也许成为当红歌星一展歌喉的梦想就会触手可及。

所以你问我"开发潜能"重不重要？我的回答是："当然重要！"从不会到会就是一种开发，从生疏到熟悉就是一种开创。面对各项主题，因为你的用心经营而使自己的专业能力逐渐提升，就是"开发潜能"。万事万物都有可能成为你的潜在力量，我们随时随地都可以尝试开发潜能。因此，我们要时时刻刻在各项主题上经营、成长、突破，以测试自己究竟还有多少潜能尚待发展，可以进一步成就幸福丰富的人生。

滚滚红尘中，每个人的人生境遇大不相同，但绝大多数人所追求的理想并无二致——获得成功，而成功之后你要的又是什么？圆满。圆满之前又该有什么？幸福。毕竟没有幸福，如何获致圆满？倘若一个人对外总是展露一副死气沉沉的样子，却经常嘴硬地表示自己的人生已圆满无缺，有人会相信吗？希望各位期盼在潜能开发后得到丰盛幸福的读者，能借由实修、实练、实做、实证，把自己方方面面的精彩成果呈现于红尘中，让人人见证、钦羡你是个拥有幸福的

人儿，甚至见贤思齐，效法你的精神、行动，将幸福推己及人，这即是你促使世界变得更好的贡献之一。

让我们"由果推因"，你今日所有的努力，最后的归处就是要获取丰盛幸福。家财万贯后，还想要实现的也是丰盛幸福，否则拥有再多的钱财，却终日纷扰难安又有何用？我们谈论潜能开发，最终目的就在于今生的成就——收获丰盛幸福的成就！诸位读者朋友，一天只有二十四小时，你若明白了以上的道理，恭喜你已经获得一半成功，接下来只要即知即行地付诸行动，坚持不懈，丰盛幸福的成就必然唾手可得。

> **幸福格言** 我们想要开发潜能，就不能天天满足于现状，否则容易缺乏向前的原动力。下定决心追求幸福的人生，就必须积极营造，用前一秒的勇猛精进，营造下一秒的丰盛幸福氛围。

3.3

求新求变　激发潜能　勇往直前

　　以往人们如果生活不顺遂或遭逢灾厄，可能会想着要去求神问卜，探究事发原因究竟为何，希望神佛为我们指引明路、补添福运，然而这种做法真的有用吗？部分民间宗教有大年初一去庙宇"抢头香"的习俗，而此活动除了有人身安全之虞，即使抢到了头香，获得神明允诺当年一整年的好运气，隔年若没抢到头香又该怎么办呢？我们其实更应寄希望于自己本身就有能力开发潜能获得幸福，因为这样的幸福才是永恒的喜悦，而非仅是一时好运带来的欢愉。人生在世，如果不靠自己成长突破，还有谁能帮得了我们？

❤ 力求突破　百折不挠

　　许多人总说"富贵由天注定"，所以抱着听天由命的态度，然而你命中的定数、生命的地图是否当真毫无改变的机会呢？如果经由你的营造与练习而获得各种积极的力量，富

贵与你之间的距离是否将拉近？懂得求新求变的你，若真能成为公司里最闪亮的那颗星，在老板的赏识之下，要提拔员工升职加薪时，你当然会是首选。当潜能开发后获得了首次的幸福提升，激发起改变的信心，你必然期待第二次、第三次……丰盛幸福接连到来，你也就乐于不断尝试方方面面的突破、成长。倘若果真如此，那么我在此要恭喜你，同时也祝福你持续朝富足丰盛的幸福人生迈进。

营造与练习是你在职场上必须熟悉的拿手绝活，同时你还需成为一位永远走在求新求变道路上的开创者，与老板的互动、开会时的表现，都应该要让老板感受到你的独特之处，不仅工作能力出类拔萃、高人一筹，待人处事、应对进退的方式更是可圈可点，在上司、同事眼中，你也都能因此留下深刻的好印象。以我过往的职场生涯为例：对于职场文化我了如指掌，无论是起初工读生涯的磨炼，或是后期身为高层对底下员工的观察，对于其中相关的应对进退究竟要如何拿捏、如何行事，才会为自己再加分，我大致都能清楚掌握。因此我从菜鸟业务员到被提拔为业务经理只历经了短短的三个月。而既然你现在有缘拿起本书并选择进行深入研读，学得诸多幸福潜能开发的秘诀，不妨先立下一个短期目标，亲自做各种实验，比如期许自己在三个月内升职加薪。

初期身为业务员的我，几乎是随时随地围绕在老板身边，为后来的升官发财铺路，连老板刚开始都觉得疑惑：这名菜鸟员工为何总是来办公室滔滔不绝？不久后他便发现，每当我去办公室和他对谈，他就会产生灵感，创新的点子、方案也就出炉。如此一来一往间，我顺理成章成为老板心中的"爱将"，当然也成了他提拔的首选。因此，不要总是为自己找那么多借口，选定了你想走的路后，就要不顾一切地勇往直前！人总是要向前走，而且是自动自发地向前行，如果你只是被动地接受他人安排，让人推着你前进，那不仅不是有福之人，还会觉得被剥夺自由，因此感到痛苦万分。倘若每一天你的求新求变、你的迅速进展，都能超前企业预期的发展一小步，必定能够在众人中脱颖而出，成就非凡。所有德才兼备并勇于挑战的人，在任何一家公司都会成为最闪亮的那颗星，你的潜能与才干要被看到，对老板忠诚的肺腑之言要被听到——这就是你应定下的职场目标。

经由这些逻辑和思维观念的洗礼，穿上工作服去上班的你，应当抬头挺胸、走路有风、气质翩翩。人生就是如此，与其天天有气无力地怨叹，不如当一个朝气蓬勃的前锋开创者，活力十足地感染身边的人、事、物，湿润的沃土中自然容易萌芽出幸福潜能，带来勃勃生机。今日输入幸福的数据，明日才会有幸福的结果产出，习惯这种输入与产出的

运转机制后，即能变成一个循环——由你手中创出的良性循环。若是感觉到停滞不前，遇事不顺利、不对劲，那就是输入的"善"因缘不足，好比你十年才给老板一个好建议，和十分钟就能提出一个有利的主张相比，那当然是后者更有效益。我要提醒你，红尘世界现实残酷，所有人的眼睛都是冷冽雪亮的，你的建言要确实"有料"才行，如果天马行空胡乱编造，忙了半天的企划案却无法施行，导致结局一场空，恐怕只会造成反效果，之后你可能就会被老板拒于门外。

💗 精进自我　分秒必争

你所累积的每一点正能量，都是现在进行式的丰盛幸福之道，在工作岗位上开发潜能是如此，家庭生活亦是如此。夫妻之间的相处之道，尽管要相敬如宾，也该点缀一些新鲜的互动以增添情趣，这也是潜能开发的一环。事情无分大小，只要是正面的好事，随时随地进行创新思考，都会帮助你的人生进一步提升，千万不要以"这个我不会""那个我不喜欢"，或是"我从来没想过"等各式各样的借口来拒绝精进，如此就白白浪费与《遇见幸福》这本书缔结的因缘了。从不会到会的过程，本来就需要多花点心力琢磨、学习，此为必经过程，即使有些状况不尽如人意，也无需气馁丧志，调整心情后继续勇往直前即可。在此我要特别提醒：

在你迈向丰盛幸福前行的每一步中，必须经常检视自己阶段性的成果是否确实如期达标，切勿急于求成而盲目地横冲直撞，当心偏离正轨，愈行愈远。

家庭生活要如何求新求变，让沉闷已久的氛围焕然一新？怎样让夫妻关系更为融洽？此时请谨记"传递幸福感"的要领。例如，下班回家途中，看到刚出炉的甜品正是爱人的最爱，不妨顺手带一份回家，或是想着一天中发生的好事，把幸福的感觉分享给亲密爱人。生活就该如此，既非做作，更不是假装，而是出自内心真情流露。人与人之间互动热络，总比冷淡无言的点头之交要多一分暖意，无论是对同事、老板，或是亲密家人，都应该多付出一些善意，让热情真诚的交流互动变成一种良性循环的本能。不妨今天就做个试验：与家人互动时，想办法展露出发自内心深处的热情，观察是否成功为自己加分。当你能够善用智慧，巧妙地踏出第一步，在紧张的关系中勇于破冰，就代表你确实具备想要改变的诚心。而一切都得靠你运用智慧想通透、弄明白，才能真心诚意地实践执行，为家人开发真正幸福的新生活。

命运掌握在自己的手里，每一分每一秒都不应找任何理由搪塞，更不该有丝毫借口退缩。想要获致富足丰盛、幸福圆满，必须开发潜能、精进营造，今天的你身负重责大

任，而先把自己的日常生活理顺、日子过好是达到目标的第一步。潜能开发不是要你练习吞火剑、跳火圈，而是要提升你处理日常生活中细微问题的能力，当你一心追求更美好的境界，便能激发出更多的潜能。俗语说，万丈高楼平地起，英雄不怕出身低，不要好高骛远地幻想成功的果实，而应该脚踏实地、循规蹈矩地突破每一项日常难题，方方面面地开发潜能，把成就好事内化成自己的本能绝技。如此一来，你便拥有胜过他人的筹码以及更多加分的理由，不仅专业上出类拔萃，而且人缘比别人广、贵人比别人多，应对进退等各方面的表现大方得体，一切都如鱼得水，成为真正的幸福大赢家。

仔细想想，在红尘人世中生活，就像是在演绎一场春秋大戏，一站一站、一幕一幕都是戏，而人生中究竟有多少大小戏码？每一幕戏是否都能演绎到最完美的状态？请务必掌握每一刻各种可能性的进展，适时借假修真，借鉴世人的成长经验来滋润、成就我们的生命，但万万不可意气用事，阻碍我们迈向幸福的脚步！我不是教你在人生中假惺惺地演戏，而是真正在每一幕戏里戏外看清楚、想通透，让自己在一步一个脚印的进展中，在悉心滋养着明天前行力量的同时，也能为各种可能的遇见做足准备，毕竟机会只留给准备好的人。记住！偶尔遭受质疑时千万别撒手放弃，也许你只是欠缺良好的态度，那表示你的内心还不够强大，有待强化补足。

♥ 自重自爱　赢得尊重

把自己的能量调整到强大的状态是首要之务。这世界的确现实，红尘中人难免趋炎附势、拜高踩低，而你并不需要责怪别人，不如先想办法自重、自救，做好所有的准备，使自己不落人后。一旦你的能量场足够强大，他人对你只能"大眼"以对，完全不敢小觑。当对方觉得你值得被重视时，只怕阿谀奉承都来不及了。但你也别几杯黄汤下肚就醉了，展露骄傲自满可万万要不得，一定要随时保持清醒。要知道一个训练有素的演员，不会因为剧情的起伏跌宕而忘记自己该演的戏码，因为他永远知道自己的本分就是成为最专业最优秀的演员，成就最完美的剧情。请记得将以上的红尘经验灵活运用到自己身上，随时随地开发各项潜能，造就更优秀的自己。

"养兵千日，用兵一时"，在每一个当下培养、提升自己的火候，这一点至关重要！假设你开了间餐厅，客人点了 A 餐，但 A 餐缺少配料，点了 B 餐，却需要较长的时间解冻食材，点了 C 餐，被告知食材明天才会进货，于是客人悻悻

地转身离开。此时你不能怪老天爷不公平，没有给你足够多的客人成就好生意，因为前置作业，也就是准备工作非常关键，绝不容忽视，必须样样精算，备齐分量刚好的食材，丝毫马虎不得。成功者的准备工作井井有条，分秒都在提升水平，随时保持最充足的筹码，才能胜券在握，顺利获取每一颗幸福的果实。就比如"笑"这件事，也应该在平日勤加练习，你觉得自己的笑容亲切可人，能够令人如沐春风吗？不妨快照照镜子确认一下吧！

有些人的笑脸实在让人打心里感到不舒服，若在人生的某一秒笑错了，好事往往也就跟着告吹了。例如，电梯门一打开，里面的人刚好就是你的老板，但由于你平常缺乏练习，太过紧张之下"秀"出皮笑肉不笑的"恐怖"笑容，只怕从此仕途大势已去，难以挽回。如果想要像个小太阳般，以真诚、温暖的笑脸迎人，让人有一种春风拂面的舒服感受，的确需要多加练习。你可以试着去感受上扬的嘴角要维持在哪个角度，才能造就甜美可人的笑容，不妨找你的亲密爱人做个实验，看看你要呈现给他人看的笑容能不能打动他，进而回馈给你一个热情的拥抱。

自己的丰盛幸福大道，要靠你自动自发去开拓营造。睁大你的眼睛，不要小看日常任何一秒，每个当下都是信号、都是交流，都是互动的珍贵时点，务必把握时机，确实精准练习，否则机会稍纵即逝！关于这一出人生大戏，每一个角色都有自己的专属剧本及台词，天生就能完美诠释的演员并不多，而如果你不熟悉这个氛围，不清楚如何在人生大戏中扮演好每一幕，就要赶紧充实自我。《遇见幸福》一书，想献给各位读者的是全方位的成功宝典，时时刻刻都有相应的方法可运用，而非要你天天求神问卜、年年去抢头香。只要你将书中的字字句句融会贯通，懂得活用书中传授的秘诀、妙招，丰盛的幸福就会呈现在你眼前！

3.4

信心提升　正向循环　成功在望

　　我们身处红尘世间，也许坎坷挫折不断，历尽大小磨难，甚至饱受痛苦折磨，但追求幸福是人类的本能，因此即使生活充满艰辛，备尝忧患，大家往往还是殷切期盼着享受幸福的甜蜜滋味。我期望这本《遇见幸福》能导正诸位读者的思维观念，启发新意，并经由世人生活经验的归纳，总结出通往幸福的方式，助你把握幸福、创造幸福、拥有幸福，最终掌控幸福。"天下无难事，只怕有心人"，只要肯努力、肯付出，美梦成真并非遥不可及，一步步探索幸福之道，完成潜能开发之后，相信你也可以为自己带来无限的财富及光明。

💜 找出问题　实验修正

　　日常生活中遇到任何考验，一定要先找出问题的症结，全盘检讨改进，还要每日三省自身，觉察并矫正所有缺失以防患于未然。换句话说，便是要尽己所能地演好这出人生大戏，昨日第一幕演得差强人意，今天的第二幕必得竭尽所能地精进演绎，这就是艺术的生活，生活的艺术。

"生活艺术"事实上有点类似"无中生有"，如同一张白纸，你不去动它，它终究只是张单纯的白纸，而在经过画家巧手描绘图形的线条、轮廓、上色，一番妙笔无中生有之后，在"有"中展现出意境，在境象里又延伸出一个可歌可泣的故事，最后再历经营销的种种助力，原本的"白纸"可能就成为一幅价值连城的"名画"。若画家没有在白纸上动第一笔，它也就没有后续的天价可言了。任何一件事情都是相同的道理，如果你没有确实开始行动，幸福就不会从"无"生"有"。

生活的艺术并非仰赖翻阅书籍，在字里行间苦思寻觅就能获得标准答案，而是在有限的生命岁月中提升智慧之后，在实际的生命实验场里，亲自把每一个氛围、每一刻当下、每一句言语、每一个动作，都表演得恰到好处，演绎得淋漓尽致。若你见证自身的改变与进步，运势蒸蒸日上，成就渐入佳境，那么就代表你的目标方向正确无误。人际的应对进退是如此，做事的分寸拿捏也是如此，人生的修炼更是如此。

倘若有任何一个观念未能及时微调，你前进的方向很可能就与本该依循的轨迹差之千里。一个圆有三百六十度，你的切入点只是其中的一个角度，另外还有三百五十九个角度，至于哪一个角度才是最佳的选择，则必须仔细琢磨推敲，否则你可能一辈子都在错误的角度里，费尽九牛二虎之力却依然难有所成。明明可以悠哉享用甜蜜果实，却因错误的抉择而坐困愁城，届时再来怨天尤人也于事无补，错失幸福的人生着实可惜！你应该学习自我期许，在日常生活中随时随地观察、练习，多方尝试发挥自己的潜能，从突破中找到有望成功的道路，进而提升自信心，步步制胜，收获更美好的丰盛幸福。

💙 生活艺术　时时定位

无论生活的艺术，还是艺术的生活，记得随时发挥"无中生有"的强大创造力，而运作的重点就在于我们需致力于"好事"的无中生有，务必时刻验收有没有往良好的方向推进拓展，分秒留意是否做好自我定位。在持续的进展中、运转里，当你真实体会到自己阶段性的成长与成就，并且正能量不断地"进账"，丰盛幸福就会在不远处迎接你。

仅凭嘴上功夫不可能获得幸福，幸福要依赖当事人的实际运作，才有可能绽放出耀眼光芒。当你拥有丰盛的幸福之后，不仅能置身在好事连连的运转中、正向循环里，更能持续接收各种意料之外的丰厚礼物，此时你一定要保持感恩之心，千万不要骄矜狂妄，反而要更加虚怀若谷。你的努力加上各种正能量，必定会让你顺心如意、好事连连，但若你不懂得心存感恩，那些好事也可能在刹那间被封锁住，犹如信用卡额度超刷，在缴清该期积欠的款项前无法再继续使用该信用卡消费。一旦被锁卡，再怎么刷结果都是失败。当你处处顺心遂意，宛如一路绿灯畅行无阻，内心应充满感激，也许是各种正能量让你得以快速成长、成就，使丰盛的幸福生活早日降临。

为了开发方方面面优质的潜能，你必须把握更多开启自身智慧的机会，并付出足够的努力与练习，才能站上梦想的舞台发光发热。当你有了足够的历练、深刻的触动，再次登台的精彩呈现与热烈掌声，绝对不仅止于此，你会越发自觉地进行各个专业层面的锻炼、成长及突破，同时也益发地勇猛精进、光芒闪耀，种种进展令人赞叹不已。

若你能了解日子总是要过下去，幸福与否完全掌握在自己手中的道理，你肯定会更加努力实践幸福潜能开发；而当你每天的日子过得像喝白开水般平淡无味，想必体会不出

生活的幸福感。在追求丰盛幸福的过程中，必定要经过开发潜能的辛苦阶段，通过自身一步一个脚印地勤加历练累积成功的筹码。成功不可能从天而降，而是各人立定自己的目标后，经过时时刻刻的努力、分分秒秒的推进，并随时以科学方法确认这些进展的结果是否达标。

因此，当你进行潜能开发时，不但可以开发一件，也可以开发两件，更可以开发无数件，这些潜能的累进全是你的财富、资源，是你在平凡众生中脱颖而出的制胜筹码，它绝对可以增进你生命的顺畅度。身为主角的你，已然是丰盛富足幸福人生的主导者，所以请你即刻立定志向，开启突破模式，撰写精彩的生命剧本，活出丰盛幸福的无悔人生！

具足智慧　天地相助

幸福潜能的开发全凭借自己的营造与练习，讲究科学与实际。在你的生活、生命中不该守株待兔，原地空等，而是应该自己不断地经营突破，关注生活境况中的各个方面，洞察先机，在平凡中开创不凡局面，抢占制高点，掌握主导权。先机何以识得？需要仰赖自己争取的火候与功力的提升。你要具足智慧，细腻观察，就算只有短暂接触，匆匆一瞥，也能看出事情与众不同之处，进而攀结好缘，能否取得画龙点睛之效，全凭自己的营造功力。

"种瓜得瓜，种豆得豆"，真理就是如此运作的，倘若自己不积极主动经营潜能开发，只等待别人来配合，实难收获丰盛的幸福成果。今天想捧出一位顶级歌星，作曲者得先坚持不懈地努力经营、发挥潜能，创作出优美动听的歌曲，让这位歌手以他精湛的歌声尽情演绎，向大众展现他演绎歌曲的功力、诠释词曲意境的火候，只要他表现得非常出色、发挥得淋漓尽致，相对地你所创作的歌曲也会被更多人听见、传唱和认可。这不就是一种"鱼帮水，水帮鱼"，相辅相成、各蒙其利的美事吗？

很多人一听到"相辅相成、各蒙其利"，就认为在幸福潜能开发这条路上还要与"利"有所牵扯，是否与"幸福"的真谛背道而驰。抱有此种想法者其实不在少数，毕竟现今社会的确尊崇功利主义，凡事总以自身为出发点，鲜少顾及他人的感受，因此说到"利"，大家难免产生不好的联想，认为这是一种"交易"，还生怕自己会因此吃亏。然而我们现在只是应对方需求，向其伸出援手，不需要想得太复杂，若是真心助人，怎会有那么多复杂心眼？我们的出发点无比单纯——对方才华横溢，就助他获得成功。为什么许多好事经常是交相辉映、相得益彰呢？事实上这就是"鱼帮水，水

帮鱼"的双赢境界。我希望你能弄清楚一项重要观念：地球是圆的，你帮助他的同时，事实上他也在协助你，即使不是他亲自帮你，在反馈之下总有个人会暗中助你一臂之力，最终大家将在一个良性循环里获得成就，所有人都幸福连连。

阅读至此章节的你，对于幸福潜能开发的思维、理念，应该已经从刚开始的生涩、吃力，进展到熟稔、活络的层次了。若你心悦诚服地把我中肯的话语听进去，认真、确实去运转执行，成功概率可达百分之九十九点九，最后剩下那零点一，有可能是你疏忽了细微处所致。此刻我希望诸位读者都能感受到生命充满着意义与活力，你所做的每件事情都能成为生命中的养分，帮助自己茁壮成长，进而使自己在今生达到富足、丰盛、幸福圆满之境。

当你有缘翻阅研读《遇见幸福》一书，已经成功了一半，另一半则仰赖自己的努力与落实。每一天都要以科学的角度来看待自己的成长，检视在哪一个环节还需要尽快止漏、补强，其实成功之道就是如此简单，无须想得过于复杂。在你全面的营造、运转中，若还未能在这红尘里获致成功，更要地毯式搜索，找出究竟哪里有缺失、遗漏，用尽洪荒之力想方设法去弥补改善。除了阶段式的进展外，连续性与全盘性的推进也要兼顾，每一天的进展都不应止息，即使是在度假中，都能感受到自身的茁壮成长。若潜能得以彻底开发，幸福必定翩然而至！

幸福格言　　在你迈向丰盛幸福的每一步中，必须经常检视自己阶段性的成果是否确实如期达标，切勿急于求成而盲目地横冲直撞，当心偏离正轨，愈行愈远。务必时刻检视有没有往良善的方向推进拓展，分秒留意是否做好自我定位。

第四章

感恩幸福如期至

4.1

如实营造　天地祝福　事半功倍

　　不知诸位《遇见幸福》的读者，是自动、自发阅览此书，还是被亲朋好友强逼着阅读呢？我相信绝大多数是出于自愿，这不正是因为你渴望开发自我的潜能，同时期待丰盛幸福的降临吗？我期许诸位有缘的读者，都能在本书中获取丰厚的收获，智慧因此显著提升，并在你步步踏实地营造后如愿得到丰盛幸福。如此，不仅能证明我的理念真实不虚，未来你也有能力帮助更多人登上"鱼帮水，水帮鱼"良性循环的最高境界。本章节我会再以过往的经验，提供给大家各种实际案例，协助众人在实战训练中借假修真，具足迎战红尘中各种不同考验的智慧，怀抱永不熄灭的热情，奔向丰盛圆满的幸福境地。

借假修真　幸福自来

　　日复一日的忙碌生活中，大家不妨在夜阑人静时扪心自

问，是否有底气不足、心虚慌神的时候？如果终其一生庸庸
碌碌，没有任何进展、进步或成就，真可谓白走一遭，虚度
此生，因此，面对未来生命中的每一天时，如何在分秒之间
完善、经营自己的人生，正是一道既严肃又重要且不容忽视
的课题。倘若因用心经营而看到自己突飞猛进、成绩斐然，
岂不快哉？使自己有所成长才是根本之道，方能怡然自得于
天地之间。当你有了能力，帮助他人固然是好事一桩，若他
人执意坚持自己的想法而拒绝你的帮助，那么我们只需祝福
对方即可，千万不要过分强硬、执着，否则原先一片美意反
倒成了损人不利己的事。

　　以下就来听听一位来自马来西亚朋友的故事，看看他如
何运用正确的思维逻辑，携同全家人共同努力，改变生命境
遇的历程。曾被医生宣告不久于人世的病情怎样好转？陷于
谷底的事业如何翻身？忧郁症缠身的太太怎么战胜病魔？
孩子又如何成功就读心中向往的学校？这千回百转的一切
就像是一个个精心编排的剧本，如同预测不到剧情走向的
电影情节般高潮迭起，然而却是红尘中不折不扣的真实人
生。这段日子以来的各种巧妙变化、丰盛收获，让他铭感五
内、欢欣喜悦，在整个学习过程之中，越发体会到生活中
不求自得的全方位幸福，自己也因此变得慈眉善目，和蔼
可亲。

当事人自述从小就有漏斗胸（Pectus Excavatum）的毛病，主要是肋骨及肋软骨生长不均所致，他的前胸壁凹陷导致胸腔空间变小，压迫到心脏及肺脏，严重影响心肺功能，当时医师向他直言这类病患通常寿命不长，并请他做好心理准备。这无情的宣判让上有老、下有小，还娶了貌美妻子的这位朋友，受到犹如晴天霹雳般的巨大冲击，然而在机缘巧合下他求教于我，学习如何建构"爱与感恩"的正面思维，确立"种瓜得瓜，种豆得豆""善有善报，恶有恶报"及"人在做，天在看"等真理信念，醍醐灌顶般注入了崭新的逻辑观念，紧接着如实营造、实修实练、实做实证。

从此他不再怨天尤人、自暴自弃，转而乐观积极、力求上进地面对病情，以永不放弃的决心坚持每天游泳锻炼肺活量。在他日积月累的练习下，从一次只能游十五分钟，进展到半小时、一小时，健康问题渐渐获得改善。那时他终于喜极而泣：原来进入幸福潜能开发的系统运作，只要依循我所传授的诀窍，随之努力实修、实练、实做、实证，学着学着生活就会主动回馈珍贵礼物，而这一切都是不求自得的。

除此之外，当事人的事业也出现非凡的进展。他以前认定"努力就会成功"，进入社会后才发现想要成功当然必须努力，但是努力不一定会获得成功，然而如果拥有正确的思维观念，用对方法勇猛精进，往往就能收获事半功倍的效益。经过专业指导和自己的勤奋学习、营造后，生意业绩翻倍再翻倍，终于有了令人称羡的斐然成绩，因此他打从内心感恩。这一路上他的妻子原本对"幸福潜能开发"的论点半信半疑，后来亲眼见证丈夫奇迹般不可思议的转变后，也跟着一起投入学习。经由不断的努力，她的内在与外在都有了显著的成长、改变，如今越发美丽大方、贞懿贤淑，与从前判若两人，最后小孩也随着父母的脚步，一同练习开发潜能，全家齐心迈向幸福的生活。

💙 迎接幸福　送走忧郁

　　上述这位朋友的妻子如今的活泼样貌，实在令人难以想象她原本是一位不苟言笑的严厉老师。我曾好奇询问她严格到什么程度，朋友妻子幽默地举出一个例子：有次她路过一个并未执教的班级，并没有要进入那间教室的意思，那班原本正在喧闹的学生们却突然安静下来，其中一个学生小声说道："嘘，李老师来了，快点坐回位子上！"就是这么恐怖的程度。如今她非常感恩，因为在开发了幸福潜能之后，终于明白以前的种种行为不仅在自己身上灌输很多负面能量，同时也累积了许多不好的因缘，到最后甚至使她罹患了

忧郁症。

为了对抗忧郁症,她毅然辞去教职,试图远离压力来源,然而在辞去工作后,生活并没有如她预期的省事宁人,在离职后整整七八年时间,因为没有找对问题的根源,忧郁症始终反复地发作,而老天爷的考验似乎才刚开始。在COVID-19(新冠肺炎)疫情暴发之初,因为欠缺智慧,一天到晚浏览网络上的负面消息,所以当时尚未痊愈的忧郁症再度发作。防疫期间,一整天什么事都干不了,心绪无比焦虑,脾气暴躁、寝食难安,在家里恣意发泄情绪,无论老公如何迁就都无法安抚她,全家人的日子过得乌烟瘴气、一团混乱。

有一天,备受疾病折磨的她终于听进老公的劝诫:"你应该要先静下心来,耐着性子来调整心态!"神奇的是,当她开始冷静、慢条斯理地处理好每件小事后,便发现自己的心境渐渐平和了,接着暴躁的心情也慢慢平缓,情绪卡住的点突然就通畅了。从那一天开始,忧郁症竟然逐渐不药而愈。先前因为很多的逻辑观念未能通晓,以致忧郁症不时复发,对于某些搞不懂、弄不通、不明白的生命课题,还是会有执着之处,例如曾因亲子问题令情绪异常低落,差点又落入忧郁的低迷状态,如今她已拥有非常多营造幸福的法宝,能有效地帮助自己提升正能量，依靠自身的正能量场疗愈自我的心灵。

恪守本分　天地祝福

至于跟着他们夫妻俩一起学习幸福潜能开发的儿子，很幸运地在疫情防控期间，成功申请进入梦寐以求的某国外理想院校，着实不容易。儿子随后向父亲表达担忧："爸爸，家里能不能负担得起学费？"经过仔细地计算，发现那数目确实有些超出负荷，然而这位智慧具足的父亲淡定地安慰孩子："不用紧张，只要你专注在幸福潜能开发，努力学习，全家携手共进，就一定能渡过难关。"

短短数日后奇迹降临了。一家人一如往常地认真生活，岂知当晚孩子就惊喜地收到老师传来的信息，告知他有笔奖学金可以申请，不仅免除学费，还补助住宿费。整个过程令全家人惊讶万分，孩子直呼不可思议："学习开发幸福潜能，丰硕成果让人无法想象！"而且细算下来，出国念书四年几乎没什么自负额，除了机票费用需自行负担，其余每个月的生活费都由当地政府赞助，令这一家人深受感动。

这一出真人实事，自悲苦交错走向幸福圆满。除了孩子

的学业前程令人振奋之外，爸爸的事业蒸蒸日上，工作时间努力勤奋，对于幸福潜能开发的学习也毫不懈怠，公司规模因此不断扩增，还买下一间格局更为理想、面积更大、地段更为合适的新仓库；而这位妈妈不仅疗愈了自身的忧郁症，其母亲也摆脱了长年忧郁的纠缠。众人梦寐以求的丰盛幸福降临家门，他们非常感恩。

"人生如戏，戏如人生"，今生你我注定身在这场春秋大戏中，何妨让我们一起全心入戏、尽情演绎，把握住分分秒秒的珍贵时光。生命中存在各种大小难题，时常令人感到无法平静、不得安稳，烦忧情绪所产生的负能量务必及时排除，遏制其滋长、积累，因为负能量的累积，容易在财富、健康等方方面面造成缺漏，更可能让你与想要的富足丰盛幸福渐行渐远，徒然使人生留下遗憾。若我们能在正确的观念、逻辑及思维运作下，将心态调适妥当，便能完善自我的幸福潜能开发，当各种人生难题迎面而来时，大量的正面因子便会产生无形的良好影响力，协助我们作出正确的判断，知所进退，逢凶化吉，开创丰盛富足、幸福圆满的人生。

幸福
格言

当你有了能力，帮助他人固然是好事一桩，若他人执意坚持自己的想法而拒绝你的帮助，那么我们只需祝福对方即可，千万不要过分强硬、执着，否则原先一片美意反倒成了损人不利己的事。

4.2

真情流露　家庭和乐　幸福洋溢

　　感恩各位读者持续不懈地阅读至此，这代表着在幸福潜能开发的道路上，你是个热情充沛的有心人，愿意勇往直前追求幸福。在此期勉追求丰盛富足、幸福美满的朋友们，只要持续提升智慧，持之以恒，用心学习营造开发幸福潜能，总会有开花结果的一天。重点是你必须先自助，才有可能得到后续的人助与天助。本章节我们将继续以种种实际案例，探讨红尘凡世间，诸多人生难题的应对进退之道。

❤ 因缘未足　绝不强求

　　有位朋友的嗅觉已失灵二十余年，其所造成的不便让他困扰不已。这种情形首先要勤于就医治疗，并把该做的本分事完成，例如每天用洗鼻器彻底洗净鼻腔，而除此之外，究竟还有什么解决之道呢？我们可以在幸福潜能开发的营造练习中，持续调动正能量，谋求外界的帮助与祝福。或许有一天在无意间看到某本书上的一句箴言，或是在广播、电视、网络中接收到某句建言，而让你得到相应的解答。要注意日常生活的分分秒秒，皆可能藏有答案，切勿轻忽，而你的每一个起心动念和所有事情的细微进展都息息相关。

上述这位朋友同时还有身体发痒的毛病，甚至因此无法专注工作。通常皮肤的问题都与肝脏有关，除了寻求中西医的专业治疗之外，也可试试营造自身的正能量场。

除了自身健康问题之外，朋友也为了女儿结婚七年却始终不孕的情况万分忧心，其实人间一切境况都自有安排，"命中有时终须有，命中无时莫强求"。你若未能理解这些道理，仍一味强求，也许勉强得来的结果也不能尽如人意。若能学习到保持"爱与感恩"的正面思维，建立"种瓜得瓜，种豆得豆"等观念，也许反而能顺遂心意。

越是关键的时刻，心志越是重要。能量的流动变化真实不虚，无论你身处世界哪个角落，只要真心落实幸福潜能开发的营造学习，并将其融入日常生活，人人都可以成为实现自己价值、绽放生命光彩的幸福赢家。

❤ 只问耕耘　不问收获

　　我们继续来看一对美国夫妻的案例：丈夫一开始对于"幸福潜能开发"的相关理论相当不以为然，抱着嗤之以鼻的态度，而后在妻子的影响下，先尝试慢慢观察、了解此理念，接着再亲身探究其论述到底是真是假，直到有一天开始相信，并在实修、实练、实做、实证中全然信服。现今夫妻俩都认为，这些年来幸福潜能开发理念的学习让他们受益无穷，心中明确了此生的最大目标，就是拥有富足丰盛、幸福圆满的人生，他们感恩各种良善机缘，能够和大家一起学习真理，收获满满。

　　打从我们相遇之初，这位太太就像终于觅得良方一般，被我所阐述的道理感动，认为每一个理念应用在日常生活中都是超级法宝，更加期许自己能够将其全然吸收、融入生活。她有许多亲身体悟，不但发觉自己渐渐地改掉了原有的坏脾气，还了解可以用经营学模式，将丰盛幸福扎实地层层累加，一圆她的幸福梦想。如今她的生活已踏实达标，种种境象不同于以往，深刻感觉到这一切多么不可思议！

　　她并没有就此满足，停滞不前，反而暗暗下定决心，要将这么神奇的妙法分享给周围的亲朋好友，她积极地劝说另一半一起投入学习，认为若能同时聚集两人的正能量，一定能更快速地积累幸福。当时她的先生认为"没必要"，甚至略微排斥，但她没有陷入挫败的负面情绪中，而是凭借智能快速转念。她想着既然没办法与亲密伴侣分享自己所爱的观点，那就退而求其次，告诉自己必须扎实学习，以身作则地成为榜样。的确，只要先强大自己，使正能量场充盈，一样能营造圆满幸福的家庭氛围。

经过数年之后，这位先生在生意上遭遇"瓶颈"，无计可施之余，蓦然想起太太所言和介绍的书籍，于是认真研读了相关理念，结果验证我所言果然真实不虚，之后羞赧地向太太表示这本书教的方法确实有效！接着他发现正能量的确有效，要用对的方法激励自己。夫妻二人齐心之后，在生活、事业上频频遇到贵人相助，各方面均有显著的突破。由此可见，积极的正能量不仅自我受益，还可以影响整个家庭，甚至带动更多的亲朋好友，进而裨益全社会。

《礼记》的大学篇有言："修身、齐家、治国、平天下"，这对美国夫妻的经历恰好印证了这句话。以前夫妻俩常常起冲突，现今则是用感恩、包容、祝福对方的言行取而代之，并且学会反求诸己，不再一味责怪他人，两个人的关系越来越紧密，相亲相爱，日日幸福洋溢。由于这位太太逐日有明

显改变，紧绷的亲子关系也得以舒缓，女儿与她相见已经不再如仇人一般，整日大眼瞪小眼，反而觉得现在的妈妈风趣又活泼，家庭氛围变得和乐又幸福。

除了自己的家庭幸福美满之外，这位在美国出生、成长的华裔先生，于拉斯维加斯倾力协助我推广"幸福潜能开发"相关的理念，至今已帮助许多人弥补了生命的缺憾，尤其是那些犯下错误、误触法律而成为罪犯的社会边缘人。他认为全世界的人，只要用对方法，都可以靠自己提升正能量转动生命齿轮，开创自己的幸福人生，并不会因为人种而有所差异。这些在美国进行的合作事项已经帮助了无数人，甚至引起了参议员的注意，公开表扬"幸福潜能开发"对于社会和谐的贡献。

从不相信到完全信服，再到开始去帮助社会上需要帮助的人，这样做着做着，就会为自己开辟一条幸福之路。当你无所求地付出，只问耕耘，不问收获，最终也一定会得到你应得的回馈。

💗 幸福课题　智慧领受

生命中有诸多幸福课题，随时等着你我探寻，只是在我们一心追名逐利的过程中，经常无暇顾及心灵的层面，与幸福渐行渐远。很多人在财富、名利双双入囊之时，奢靡享乐往往成为其生活的常态，非但心醉神迷，不能自拔，甚至开始消极懈怠、自我放纵，全然遗忘该进一步追寻生命的重要课题。对于已经获得的成功，我们更应该具足智慧去领受与分辨。唯有通透明白自己此生的定位，才能成就一生的幸福。

上述这位美国先生，不再因为汲汲营营于赚钱而失去快乐，并表示在帮助他人的过程中，意外发现那些别人眼里的"坏人"，其转变最是令人感动。被一般人敬而远之的他们在认真学习正确的幸福潜能开发方法后，成功革除了自身的不良习气，不再只会用拳头解决事情，而是转而思考其他更圆满的解决之道，成功化解暴戾之气。以前社会面对"坏人"时，所能想到的方法往往是将他们关在一起，剥夺其人身自由，但这般做法会汇聚更多的负面能量。如能帮助他们学习一套崭新的思维逻辑，从此学会"爱与感恩"，并开发幸福潜能，对于未来和平美好的世界幸福愿景，当然是一件大大的好事！

人和人之间相处，贵在真心诚意。如果你缺乏智慧、虚情假意，无疑是让生命陷入空转，浪费时间与精力，就像家

庭之间棘手的婆媳关系，最需要真情流露来维护。切记：家人之间无须去争论谁对谁错，你做了件对的事，一时半刻间不必太在意获得认同与否，只要坚持，就会见证事情逐步出现转机。在这个过程中充满着正负能量转换，分秒间都可能出现抉择、取舍，而这一切全凭我们智慧具足，加以实修、实练、实做、实证，如此得来的幸福才是真功夫。

婆媳之间的一个眼神、一句话语，都蕴藏着生活的艺术、艺术的生活。例如，你与婆婆一同出门，也要能时时营造出好事，如果你能主动热情地搀扶婆婆，你所展现的关心与温暖便能令对方感受到幸福的氛围。相对的，当下温馨的气氛也能令自己感到愉悦自在。这一切除了真情流露，也得靠你日常的熟练功夫，无论是和婆婆，还是和其他亲人的互动，都是一样的道理。在搀扶的刹那或接触的瞬间，无论是话语的轻重、对视的眼神，或是你轻搂着婆婆的力道都很关键，如果太过热情导致搂得太用力而让对方不舒服，那就适得其反了。

事情有对错之分，对的事情持续做，总会呈现美好的结果，当下或许未能获得预期的反应，但是只要你不断地做着学，学着做，一次又一次地调整改善，慢慢力道对了，相信一定会有回报。你应该学会把生活中每件事情都拿捏得恰到好处，例如，先问问自己要不要改变？要不要成长？要不要突破？若答案都是"要"，就赶紧坚决、肯定地钻研问题，寻找突破点，然后继续奋勇前进。若一再辩解提出诸多借口，对事态发展并不会有实质的帮助，没有帮助的话语、行动，又何必执迷不悟、乐此不疲呢？事情只会越辩解越糟糕，越辩解越显得里外不是人。总而言之，重点在于必须见到你的实质进度和阶段成果，让一切继续往正面发展，分秒自我定位，确认自己在正确的轨道上修习，步步踏实地迈向富足丰盛、幸福圆满境地。

4.3

助人为乐　谨守本分　适可而止

当人生课题横亘于前，唯有静下心来反求诸己，才能"静"中生智，思索出得以一劳永逸的正确方法，唯有追本溯源，找出问题的症结点，才能将它彻底解决。一旦顺利跨越重重阻碍，便更有机会迎来阳光普照、欣欣向荣、富足丰盛的幸福人生。在持续营造幸福、开发潜能的道路上，如何掌握创造幸福的技巧？怎样摆脱生命里反复侵扰的梦魇？怎么消除日益增加的生活压力？何以具足坚定不移的信心勇往直前？"天下无难事，只怕有心人"，既然你已翻阅本书，下定决心踏上开发幸福潜能的大道，只要参照书中所言踏实营造，面对林林总总的人生盲点，即能条分缕析出应对方法。本章节再为诸位读者精选出更多实例，借其探究、点明红尘人生的处世智慧。

适时转念　修得圆满

滚滚红尘中的苦海人生，亲情问题的不圆满，常令许多人焦头烂额，毕竟面对朝夕相处的家人，总希望有个圆满的交代。人生遭逢各项难题时，倘若倾尽一生所学却缺乏智慧来运用资源，错失尽情发挥的时机，致使局面不断恶化，最终如洪水泛滥成灾，届时想解决问题必定更加困难重重。若想寻求化解难题的有效方式，我们需要先转变自己的观念，以正确的思维逻辑为基础，同时慎重地在日常生活中努力经营关系，那么，家庭的美满圆融将指日可待。

有位朋友因为与女儿相处不睦而困扰不已，怨叹女儿从小就很有主见，总是和他过不去，往往因一点小事就引起两人对峙，双方僵持不下，于是想要了解彼此关系恶劣的来龙去脉。其实人与人之间感情状态的好坏，从平时双方的互动就可以看出蛛丝马迹，根本无须多问，两个人的对立，一定是过往累积的嫌隙未能及时解决，所以眼下彼此接触时，总难以认同对方的看法和意见。与其急着去了解双方之间仇恨的因由，不如先反求诸己，在开发幸福潜能的营造中提升自身的智慧，学习并明了自己需要多进行怎样的付出，或是做好哪些预防措施，即使过往双方曾是仇人，如今也能在"爱与感恩"的氛围中，在正面能量的运作下重修旧好。

在生命中某一刻，你可曾百般苦思某些问题的解方，却因为各种阻碍而困难重重，因此激动地大发雷霆呢？若真

如此，我必须劝诫各位，这实在"没有必要"。我希望你试试以下三部曲："退一步""转个身""喘口气"，或许如此一来，各种人、事、物就出乎意料地有了全新风貌。也许是朋友的一句话，或是事情进展出现了小插曲，忽然间让你灵光乍现、豁然开朗，而这些也许正是你想要的答案。所以应时时保持警醒，抱持开放的心胸接收外界的信息，再以逐日精进的智慧仔细加以判断，如此一来，丰盛幸福将不求自得。

另外困扰着许多人的传统议题，也就是至今仍有不少女性在"重男轻女"的差别待遇下成长，于是对亲人心生怨怼、多有不满。虽说生长环境令你苦不堪言，但实在无需因此而作茧自缚、画地为牢，毕竟你出生在什么样的家庭已是不容改变的事实，纵使一再埋天怨地也丝毫无济于事。如今我们既已得知借由幸福潜能开发种种简单、具体、高效的方法，可以试着将其弥补圆满，你就不应再满腹牢骚、顾影自怜，反而要勇往直前，营造、练习、调整、改善。当你将逻辑、思维、观念全都厘清之后，想必就能具足智慧，再度面对父母、长辈，定能轻易找出四两拨千斤的相处应对之道，与丰盛的幸福又更近了一步。

如果你的思维尚未缕析清楚，又过于执着，就会反复纠结在同一个点上无法自拔。请再深入想想，难道老一辈重男轻女的观念，以及各方面的差别待遇，真的会让你这一辈子都无法出人头地吗？小时候也许由于这类男尊女卑的思想，令你在成长过程中感受世事不公，心灰意冷无法逃脱，又或许因为凡事得自立自强，确实过得比家中男性还要辛苦，但也有人为挣脱原生家庭的枷锁，反而力争上游，得以开创一片自己的天地。我要提醒诸位，基于你经历过这般苦痛的经验，应当了悟与家人间感情的恶劣，会对自己的幸福能量造成严重的负面影响，不妨试着想方设法，将你与父母、家人的关系重新修补圆满，敞开心胸将那些恩怨情仇逐一了结，免得这分负能量无止境地延续下去。唯有展现如此的魄力，你这一生才有向丰盛幸福前行的可能。

以前的种种何妨让它随风而逝，不要记在心上，未来则要积极努力去改变，靠着自己的正能量从泥潭中脱困。常态性的抱怨只会让自己越陷越深，诸如此类都需要仰赖自己想通透、搞清楚、弄明白后，创造新的正能量循环，才不会再次陷入苦闷、压抑的情绪旋涡。知道该如何积极面对困难，费尽心思去解决问题，并愿意确实执行正能量循环，如此才有可能收获幸福圆满的成果。

💙 实修实练　勇追太阳

　　有个苦于声音沙哑的朋友，多年求医都未能完全康复，因而迫切渴求其他解决问题的办法。我认为就医之外，保养喉咙的基本功夫亦不容疏忽，也许可试试清肺化痰、利咽开音，用胖大海之类的中药材或是蜂蜜水等饮品进行调养。有的时候，声音沙哑也许只是一口老痰卡住，练唱开嗓也是解决之道，总之要多方尝试。若是中西医都束手无策，多方调养也无法完全康复，就可以从其他方面来探讨解决方法，诚如前几个章节一再提醒大家的幸福潜能开发之道，营造练习与调动正能量都是可行的好办法。

　　在难以尽善尽美的人间，可把宇宙中能量最为充沛的太阳公公，当成我们的好朋友，向它倾诉、祈愿的同时，勤于练习调动能量的技巧。所以勇追太阳是追什么？就是追能量、追光明、追希望，由于它拥有的正能量着实太丰富，因此你和太阳成为好朋友，也许就能够日日好事连连、惊喜不断。

　　另外有位遇到职业"瓶颈"的药物销售员，因为想转换领域或自行创业，所以急于开发自我潜能，想了解自己究竟适合何种行业，以通过事业的成功达到幸福之境。还有位营业销售员，因公司业务缩减，被老板要求转换职位，改任产品研究员，这令他十分担忧自己无法胜任，陷入了迷茫之中。

对于上述两位销售员，我的建议是："穷则变，变则通""此处不留人，自有留人处"，而思考的首要重点在于：业务销售这个范畴究竟是不是自己的专长。如果你的长才利于在此行业发挥，无论今天卖苹果，还是明天卖香蕉，对于你而言都是小菜一碟，坚持卖下去就对了，但如果你偏偏缺乏销售天王的人格特质，无论是苹果还是香蕉，恐怕一个都卖不掉。

我常提醒诸位，想要成就一番好事，必得看你的火候功力。销售业务员看似辛苦，其实是一项非常有趣的工作。就我个人的经历而言，最后所有客户都成为我的好朋友，有时甚至不是因为产品优良才来向我购买，而是基于友情来相助。四海之内皆兄弟，如果你能确实经营出良好的人脉，无论走到哪都将如鱼得水，身为销售业务代表要能够达到此等火候，才能真正称得上专业人士。此种销售天王、天后的境界并不是太难达成，坊间教授营销秘籍的书籍多如过江之鲫，用心研读并将其重点实修、实练一番，"一回生，二回熟，三回变高手"，勤能补拙，总会有出人头地的机会。同

时也莫忘对大环境进行整体评估，可别某一行已经衰退成
"夕阳产业"，你却偏要当这个行业的销售业务员，这只能说
是不识时务，自讨苦吃。

最后我还要提醒诸位，千万不要轻率地下定论。如果你
还没有准备周全，就不要草率地决定自行创业，不如先扮演
好业务销售员的角色，持续累积人脉。业务销售员这个职位
有很大的操作空间，进可攻，退可守，未来成为大老板的可
能性不小，而前提一定是要先认清自己，并且做好全方位的
规划。如果你尚未考量清楚，就风风火火地赶着开业，草率
做出一个阶段性的结论，最终回过头检讨，发现当初所得的
结论尚未成熟，这样的失败极有可能得耗费你未来许多年的
幸福人生来弥补，那就非常遗憾了。

知所取舍　尽本分事

相信阅读至此的读者，已经了解尽本分的重要性，然而
有些议题还是让辅导工作者感到困惑、不知所措。例如，不
知道究竟应该怎么做，才不至于不小心过度介入别人的人
生。面对"跨性别"或有跨性别倾向的求助者，应该要抱着
怎样的态度应对才适当？有位东南亚的脑神经科医师曾提出
疑虑："我们做医生的，经常要解决病患的问题，会不会因

此干涉了病患的人生故事？到底该如何做才不会与患者过度牵扯？"我认为医生的天职是救人，依照医生救人的标准作业流程行事名正言顺，没有什么好纠结的，但若超乎原本的工作范围，而在其中一直兜转、纠缠，的确有可能会不小心介入别人的命运。

例如，你照着标准作业程序为某位病患治疗，却无法达到预期的效果，于是无论如何，想尽一切办法，甚至另辟蹊径，只为了让他的病情变好，然而你多踏出的这一步，可能已经在无形中改变了他的命运。

我想强调"尽人事，听天命"，无论从事何种行业，只要尽本分完成属于自己的职责，彻底尽到自己分内的义务就对了，若是做太多超乎职责的事项，当心你的多此一举反而会让你不慎打破某种定律。所以，尽力做好自己的本分事即可。尽人事，听天命，没烦恼。

每个人都有自身需要修行的课题，你若诚心想为别人提供帮助，当然可以力所能及地出一分力，然而你一旦帮得太过头，就有可能产生反效果。至于如何面对跨性别者，最重要的原则就是予以尊重，别被"性别"的刻板观念所拘束、绑架，甚至以异样的眼光歧视他们。你平时怎么对待旁人，

就怎么和跨性别者相处，凡事和颜悦色、以礼相待即可。诚挚祝福大家都能具足智慧，知所取舍，与我们一起在幸福潜能开发中学习、精进，收获幸福圆满的硕果。

4.4

累积功德　善有善报　恶有恶报

　　日常生活的富足圆满，是成就幸福人生的重要基石，倘若无法达成预期的目标，则应当仔细搜索问题的根源，找出导致计划不周的漏洞。而在"幸福潜能开发"的营造练习中，个人的福德更是不可或缺的根底。换言之，现今自己所拥有的种种顺遂，往往都是昔日辛苦累积而来的成果。若不想见到辛勤积累的福分毁于一旦，骄矜、放纵、挥霍等不良习气都该立即一一戒除。我们不仅要守成过去积攒的福德，更要学习如何妥善运用每一分正能量，将其作为开创今生璀璨亮眼成就的筹码。

💙 微调自我　迈向幸福

　　当你发现自身的福德不足，自然会感到不安、紧张甚至恐惧，并希望尽快进行添补。在一切讲求高效率的现代社会里，世人总是追求最有效、最快速、最轻松的方式，但这

种急于求成、盲目跟风的想法与做法，对于福德的积累根本毫无益处，更与积德培福的理念背道而驰。越是抱着快餐式的想法与观念任性行事，距离福德积累的终极目标就越来越远，将远远不及"真心付出，不求回报"。红尘中芸芸众生的所作所为，世人都看在眼里，你是否发自真心行善助人、广结善缘、积功累德，自有公论，因此你又何须斤斤计较自己做得多，或者他人做得少？

如果明白了福德的难得与可贵，你绝不会再掉以轻心、马虎草率，言行举止都要源于真心诚意，面对何人何事都能发自肺腑，真情流露。由于你拥有满腔的热情与真爱，诚挚地希望每个人安好，所以无论在任何时间点，只要是该做的，你都会无所求地欢喜完成，如此不仅成就自身，更能够造福他人，利己又利他，你的福德则会因此持续累进。将此道理想通透后，你随处都可以积功累德，无时无刻都能多行善事，哪怕只是给了擦身而过的人一个微笑，也是功德一件，因为别人看见你温暖的笑靥，心情也会随之好转，原本的恶念也许就此打消，而让人间善念延伸。在此我要提醒你，一切作为的功德有无在于是否真心实意为之，千万别变成矫揉造作的刻意行事，因为缺乏真心诚意的假笑，或是笑里藏刀、口蜜腹剑，都无法成为一件功德。

人类很容易受到习惯制约，若在日常生活中欠缺勤奋进取的心，反倒容易滋长陋习。初学者对于"幸福潜能开发"的营造练习与执行运作，该从何开始呢？首先，我们应当针对日常的细微之处进行微观式的检验与反省，从细节中找出可以着手改进、进行提升的部分，持续躬行实践，往幸福的大道上更进一步。此外，人和人之间的互动应该是相互劝善规过，彼此鼓励、互相造就，共同建立起良好的品德修养。若懂得身体力行"说好话，做好事，行好路"，这份美德不仅能让对方感受到善意与温暖，同时对方的参与和回馈，也将会滋养你一心向往的幸福人生。

♥ 乐善好施　福泽后世

人们常说"随遇而安"造"功德"，意思是我们要练就无论面对任何情境，都能够自然而然地流露出热情，随时随地多给人一点温暖与关怀，或是顺手提供实质帮助，凡此种种皆为"功德"；人们也总说"隐恶扬善"为造"功德"，但其实"为善不欲人知"更是难能可贵的"功德"。"功德"可分"阴德"与"阳德"，所谓"阴德"指的是默默行善，不记名、不为人所知、不广为宣传地做善事，受助者和社会大众都不知道是谁所为；而"阳德"则是指公开行善，有记名、为大众所知，甚至被各大媒体或公众人物公开表扬，流芳百世。

　　我通常会奉劝世人多积"阴德"，因为"阴德"的福报较"阳德"更大，积累得越久则越深厚，甚至可以福泽后辈子孙。切记！千万不要今天刚送出了一点好处，就翘首盼望着人家明天给予回报，难道真的要确认是否能获得立即而明确的报酬，才肯去行善助人吗？你要牢记：若心存善念，持续不间断地多行善事，大自然是不会辜负你的。我已经看过全球各地大数据所展现出的结论，确信真心施善积德的人，冥冥之中肯定会获得善报。你相信真理吗？"善有善报，恶有恶报；不是不报，只是时候未到"，天地人间的事绝对是如此运作的！千万不可轻忽这句话的作用。

　　一旦你警觉自身欠缺福德，要即刻想办法补足，至于怎么弥补，用前面章节提过的《弟子规》吗？那可就错了，只遵循《弟子规》并无法补足功德，因为那不过是在尽本分事，顾好你的基本盘而已，这一点必须彻底厘清。

　　此外，我必须提醒各位读者，除了专注"积德"之外，更要小心别在不经意中"损德"，你与所有人、事、时、地、物的相对应，绝对与你个人福德的增益或减损息息相关。举个例子：假设你今日因为天气炎热而感觉异常烦躁，内心衍生诸多不满，虽然没有宣之于口，但你已在心中发出牢骚，埋怨为何气候变得如此炎热，这即是一种"损德"

的思想。分秒间转动的心念或行为，都可能会为自己的福德加分或减分，因此平时自我的训练必不可少，分秒训练有素才是真功夫。

守护能量　心想事成

为了求得福气、好运，快速直达梦寐以求的丰盛圆满幸福境地，有些人会试图去寻求命理师、风水师的帮助。不少人会听从命理师或风水师的建言去改动家中摆设，或挂上一幅所谓的"祥瑞聚福图"，以期好事加身或削减灾厄，但如此行事真的灵验吗？家道是否真会因此兴旺？我们不该预设立场去排除任何的可能性，应该让这件事有个善解：在家中挂上一幅好画，是美事一件！当强烈感受到一切都是出于爱的使然，自然更容易梦想成真，如果没有适当的际遇，你怎么有机缘买到这幅画，并稳稳当当挂在家中合宜的位置？所以应该是具足全部的积极能量之后，你才会顺利获得这幅好画，并借此得到喜乐富足的感受，天天春风满面，进而好事连连。

反之，若你的心态不正确，心心念念只求挂上画后马上发大财，一旦常走偏锋，远离了"幸福潜能开发"的正确运行轨道，只怕从此各种局势会愈趋向下，岂能长进？我们来

设想这种状况：在你发财愿望无法成真的日子里，日日夜夜盯着那幅画，却感受不到任何进展，也许只会徒有满腔白花冤枉钱的愤恨。因此这幅画上面聚积的已不是正能量，更非好运，而是种种怨恨，如此又怎么会有好事发生？所以，这一切关键自始至终都在于自己的心念。

我们的"心念"非常重要，一定要随时自我审视，自己的心态有没有产生偏差，观念要正确无误，思维逻辑要通透明朗，才不至于引发后续一塌糊涂的局面。这些宛如修行步骤的营造练习其实并不困难，重点只在于你愿意还是不愿意，某些人凡事囫囵吞枣不求甚解，到了某个程度就因怠惰而拒绝努力精进，自然会前功尽弃。人生究竟会迎来何种结局，当中的掌舵者就是你自己！

有位朋友表示他身体的病痛时好时坏，参加各式各样的正能量交流活动后，一度奇迹般康复。然而好景不长，一旦回归日常生活状态，疼痛马上又来纠缠。他茫然不解地求教于我，这种情形是不是代表该活动里的能量，确实改善了自己全身的能量？又该如何保持参与活动当时那般良好的状态？我们常说"痛则不通，通则不痛"，因为通了，所以才不痛。活动当下因为众人集结的正能量场足够强大，每个人的逻辑、心态等方方面面都能调整到位，所以疼痛便有所缓解，然而活动结束后一回到家，若是个人心念上出现丝毫偏差，或者心态上有些许不正确，导致思维再度阻塞不通，疼痛自然会因此而复发。

当务之急就是将观念彻头彻尾地改变。此事件启示我们：只要激发幸福潜能，把自己的能量完全展开，身体上的疼痛就有了解方，借由正能量的调动，你的所有问题都将迎刃而解。当你学会解锁问题的绝招，就能随时准备迎接连连好运的到来。我要提醒你，参与活动而产生的神奇助力仅在于一刹那间，但只要你每天的心态都能维持在良善能量的状态中，分秒对万事万物保持正面的热情，迈向幸福大道就能日起有功。事事皆是先自助、再获人助而得天助，日常的每一个小细节都不容轻率忽略，希望你能确实感受到正能量的强力运作，唤起更多有缘人携手并进，共同前往富足丰盛、幸福美满的人生境界。

> **幸福格言** 在难以尽善尽美的人间，可把宇宙中能量最为充沛的太阳公公当成我们的好朋友，向它倾诉、祈愿的同时，勤于练习调动能量的技巧。所以"勇追太阳"是追什么？就是追能量、追光明、追希望。

第五章

形塑幸福更精彩

5.1

时间洗礼　天地回敬　真实不虚

人生如戏，每一个时间点、每一分一秒都有上演中的戏码，端看我们如何把握，将其营造得更加细腻动人，成就今生淋漓尽致的精彩好戏。每个人的人生际遇各不相同，最终呈现的结局也因人而异，唯一的相同点是，此时此刻我们与《遇见幸福》一书相遇，我期望正捧着这本书的你们，都能在幸福潜能开发的道路上收获颇丰。若你已下定决心，坚持信念稳定前行，何妨先送给自己一阵鼓励的掌声呢！每一天的生活，你都应该经营筹划出精妙绝伦的一页；每一幕的聚散离合，你都可以真情流露地热泪盈眶，但擦干泪水之后，你前行的脚步必须坚定而不止歇，如此终将安稳地伫立在丰盛幸福的日子里，给此生一个圆满交代。

❤ 接收密钥　开启潜能

现今科技日新月异，我曾听说一种精密的仪器，可以测量身体的循环、能量之类的数据，依此进行一些精确的深度分析，以确认身体健康状况。那么，我们"幸福潜能开发"的理论，就像一把万能钥匙，可以精准开启你的关键思维，打通你幸福的"任督二脉"，贯通整体心灵循环，激发出你的全面潜能，依此分析专属于你的道路并直达丰盛幸福人生，从此刻到未来，让你幸福圆满岁岁年年。

前阵子一位知名女歌手骤然离世，引发各界热议。她看起来阳光开朗、多才多艺，纵横歌坛数十载，是一个拥有众多粉丝的女艺人。可惜家家有本难念的经，由于她嫁给了一位大她十多岁的富豪，婚姻生活似乎不太幸福，因而引发网友质疑：一位如此才华横溢又家财万贯的女子，选择嫁给所谓的"有钱人"，真的能为自己带来幸福吗？也许当初的结合是基于真爱，然而这样的组合是否真能获致圆满，一切终究得靠时间来证明。有些评论家认为这位女星自身已拥有上亿身价，名利双收，根本不需要倚仗他人增添光彩，反而可能是男方需要与坐拥名气、财富和美貌的另一半共结连理，借此彰显出更大的成就，那么，如果当时她能找到其他更优秀、更合适的爱人相互扶持，也许她的人生结局就会全然不同。

由此可见，人生大戏可谓是一场赌局，每一个阶段、每一个前进的刹那间，你作抉择的当下都是在下赌注，重点在

于你是否能具足智慧作出最佳判断！我相信经过一番深入的阅读，《遇见幸福》的读者应该都大大增长了智慧，充满信心迎接接续而来的人生挑战！

每日生活的当下，我们都会希望大大小小的梦想成真、得偿所愿，那些提升生命质量的美好养分，你是否都已完整吸收？还是仍旧在红尘迷雾中，因为许多似是而非的观念混淆心智，以致花费诸多时间、精力练习误以为能帮助自己成长的各项技能，怎料那些辛勤学习的内容，反而在日后变成阻碍自身前进的关卡？

以上都是我们必须更加谨慎小心、警戒防备的陷阱，许多正在为理想努力冲刺的人们，往往难以发现自己的抉择是错误的，通常要经过时间的洗礼，才会有明确的结果来论证，但如此一来未免也太迟了！要预防此类悔不当初的状况发生，唯有即刻进行多方面的潜能开发练习，先将自身的智慧提升，并且是全方位的智慧具足，而非仅止于片段的小聪明，才不会老是在迷茫中打转，再度轻率地作出错误抉择。

❤ 品德良善　不惧挑战

我日前在马来西亚参访了一间食品大厂，堪称全世界月饼界的龙头，公司老板十分热情地亲自接待我。根据多年来累积的识人经验，我发现这位老板是个实力雄厚且大气的成功人士典范，他的月饼工厂营运超过半世纪，产品营销到世界各地，连平时远在美国的我也看过该品牌在架上售卖，且几乎年年热销，供不应求。

参观过程中，种种所见所闻不禁令我惊呼：太不可思议！居然可以赋予月饼这个看似简单的商品如此多样化的面貌，实现此产业领域里的登峰造极。因为工厂制造的月饼产量非常庞大，光是提炼莲蓉馅料的机器、锅炉就极为巨大，整排锅炉同时运作起来更是气势惊人，提炼一锅馅料的时间应该不至于太久，竟然需要动用这么多巨人般的锅炉，每日产量之大实在令人无法想象。我带着虚心学习的心态参观这间食品工厂，细心留意每一个技术架构，并分析当中的流程逻辑，想要找到线索，看看这个人究竟为什么会成功。

在言谈中，我得知他不仅自己生产月饼，更走访全世界传授月饼手艺，不少业界人士都是他的学徒。我好奇地询问，这么做难道不怕被别人超越吗？引荐我参观的人表示，这位老板向来热心公益，希望能将月饼的美味发扬光大，代代传承发展，事实上这么多年来，也未见有其他规模更大的月饼工厂出现。所以，只要有实力、有真心、有热忱，

抱持良善心思，当所有真、善、美都汇集一身，这个人就成功了。

对于这样的结果，以及整件事情的运转方式，我总觉得应该还有些隐藏的关键因素存在，不禁反复思量，同时继续询问介绍人关于技术移转的相关问题，我认为如果有心，世界上应该有很多食品工厂可以"青出于蓝而胜于蓝"，甚至取而代之，但是并未发生这样的事情，这就是我想探索的核心问题。后来，这位介绍人终于告诉我终极答案——原来这位老板是个尊敬长辈、孝顺父母的性情中人，这答案让我豁然开朗、如获至宝，更是我想在此和诸位读者一起深入探讨的关键问题。

❤ 孝顺为首　昌盛绵延

孝顺，是中国人的传统美德，"百善孝为先，万恶淫为源。常存仁孝心，则天下凡不可为者，皆不忍为"，此话出自清代著作《围炉夜话》，指出孝敬父母是人类各种美好品德中，最为重要并居首位的品德。我们不只要对父母孝顺，对于亲人、长辈，也应当予以尊重。上述月饼大厂老板的精彩人生印证了一个道理：假设你拥有与事业昌盛相应的孝顺美德，事业必能蒸蒸日上，光大绵延，真心行孝，红尘中你

所视、所思，自会引领你前往幸福境地，人生因此富足丰盛
圆满。

对于人生戏码中的每一幕，你都不能够藐视轻忽、草
率演出，因为你不知道接下来的那一幕戏码，会不会神来一
笔，安排让你始料未及的好事，所以随时都要谨慎以对。你
只要够认真，别人就会当真，持续在正确的轨道里做对的事
情，哪怕当时没有人看出个所以然，或是被台下的观众报
以嘘声，你都要坚持不懈。就像前述的那位老板是个孝子
贤孙，所以昌盛幸福便常绕身边。

全天下孝顺的人很多，有些人是真心实意孝敬父母，自
然也不乏只为家产而心存异念的假孝顺者，然而如果一味投
机取巧，再怎么样大费周章、机关算尽，只怕到头来终成一
场空。我们通过大数据分析观察，不难发现假孝之人或许能
安排一出出天衣无缝、得以一时蒙蔽世人之眼的孝子剧本，
然而经过长时间的验证，所有的人间故事都能印证天理、善
恶分明，不容人们心存侥幸，这就是"天网恢恢，疏而不
漏"的道理。所以奉劝大家做人还是要踏实一点、真心一
些，丰盛的幸福才能常驻我们身边。

你我不妨真心投入这出人生大戏，真情演绎我们的美丽

人生，并且多多支持、赞赏他人的精彩演出，给予热情的掌声，在为别人真心拍手祝福的同时，自己紧闭的心门和幸运之门也将随之开启，接收各种正能量。就怕许多红尘中人眼光短浅，只看重眼前的利益，凭恃自己的一点小聪明，才刚理解事物的皮毛，就想举一废百，却未曾想过稍一不注意就可能让事情远离正轨，误入歧途，甚或背道而驰，造成一失足成千古恨，再回首已百年身的遗憾。

在人生舞台上，你可以演得真心动人，或者装模作样蒙骗世俗凡人，但世间的一切世人都看在眼里，大家会清楚看见你的虚情假意，你若是思维逻辑观念正确，能做好自己应尽的本分，也愿意致力开发幸福潜能，花费精力与时间投入营造练习，相信日起有功，硕果丰盛，如此，丰盛幸福必将真实不虚地示现在你面前。

5.2

真心实意　运作到位　智慧如海

　　幸福的礼物你我都有全盘接收的资格，原因无他，就是一片感动天地的真心。让我们来看一则实例：有对居住于马来西亚的夫妻从事房地产销售行业，曾在同一天里成交三笔订单，甚至在当天深夜就收到客户的实时汇款，这些前所未有的意外惊喜，对夫妻俩而言都是神奇的礼物，也是一项新鲜的体验，因此他们欢天喜地表达至诚的感谢之意。自从他们接触"幸福潜能开发"的那一刻起，便真心诚意地全力投入，积极地营造练习，并踊跃参与相关课程活动，主动分享自身的经验，协助他人一起成长，与此同时夫妻俩的事业蒸蒸日上，收入呈现倍数增长，财富仿佛不招自来。

❤ 珍惜彼此　贵人临门

　　上述这对夫妻过去经常因为鸡毛蒜皮的小事而发生争吵，致使家中乌烟瘴气。为了促进双方感情和睦，他们曾

多次参与坊间各个自我成长团体的活动与课程，却总是只能在当下获得满满正能量，暂时感受到彼此间的甜蜜恩爱，然而一回到家后则又故态复萌，争执不休，冲突甚至愈演愈烈。

而后夫妻俩在机缘之下一起报名"幸福潜能开发班"课程，并全心投入每一天的营造练习中，很快发现竟然有如此一劳永逸的好方法，双方的感情因投入学习而和好如初，甚至比初识时更加珍爱彼此。而在事业方面，他们接收了全新、有效而浅显易懂的观点：原来除了自己的努力经营之外，能量场更是一大关键。具足正能量自会带来许多的贵人，让一切事情益发顺遂，遇到困难时也能大事化小，小事化无，在事事以和为贵中开拓出更广阔的一片天。

夫妻俩尽心投入幸福潜能开发的系列课程中，学习到许多房地产以外的知识，像是举办活动的前置作业、安排事项的细节调整，或是同舟共济的夫妻间该如何更有效率地分工合作，自然生起不同以往的喜乐与感恩之心，甚至有时只是获得他人一句话的提点，都会觉得正能量满溢。犹记得这位妻子在首次接触"幸福潜能开发"理念时，恰好是在她生病期间，当时只觉得"爱与感恩"浅显易懂，毫无奇特之处，然而就在我以"种瓜得瓜，种豆得豆"的道理解说了这位女士的病源时，不知为什么她突然间就像被打通了"任督二脉"一般，对于自己身患疾病的怨恨、夫妻关系失和的裂痕，还有种种以前想不通透的事情，一瞬间如大梦初醒，整个人豁然开朗。

如此强烈且震撼的感受真实不虚，让他们夫妻俩开始更进一步深入学习"幸福潜能开发"，上完课程后也毫不迟疑地认真做实验。即使是在马来西亚 COVID-19（新冠肺炎）疫情最为严峻，实施 MCO（Malaysia Movement Control Order，马来西亚行动管制令）致使很多夫妻离异的时期，他们依然过得幸福圆满，正能量满溢。过去夫妻俩的生活质量不过维持在平均水平，收入并非特别丰厚，而在 MCO 过后社会正在复苏时，这对夫妻的工作趁势扶摇直上，事业如日中天，巅峰时期甚至达到七位数的收入，双方生活上的一切都在稳定中向丰盛前进。最令夫妻俩欣喜感恩的是，在幸福潜能明显提升之后，竟有宽裕的经济能力和惊人的消费力，看屋半个小时后，就直接订下了一间非常中意的房子。

另一位年轻人也是成功的典范：他和许多人一样，对幸福潜能开发从原本的半信半疑，到深入实修、实练、实做、实证，几年后人生境界已经出现了显著的提升，生意的规模与当年不可同日而语。事业发达的他特别懂得感恩，在待人

处事上保持一贯谦逊有礼的态度，一本初衷、充满热情的正面思想和态度，值得我们给予鼓励及学习。

听到别人成功的故事，你的心里应该也感到开心并献上祝福，因为你可以借此告诉自己"我也能够做得到"，但并不是蒙着眼睛盲目乱做，误以为只要一味仿照他人的行为模式，不眠不休地努力，就能加官晋爵、招来财富。人生贵在抉择，每个分秒间的决定都是个赌注，过去的你赌对或赌错全凭运气，而正在阅读本书的你，已经跟随我们进入幸福潜能开发学习的行列。相信随着智慧的提升、正能量的增进，你赌对的概率总会比一般人更大，必然更有机会拥有收获满满、好事成真的幸福人生。

❤ 诚心正意　看清抉择

每个抉择的当下，你必须看得懂其中的真实含义，如同我们谈到孝顺的美德时，观察到有不少团体致力于推广孝道，方法多样，不一而足。有些活动会藉由无微不至地"帮父母亲洗脚"来弘扬孝顺的德行，你可曾想过为什么要洗脚？为什么不洗手呢？因为脚比较臭啊！如果在污秽的情况下，你还可以抱持感恩之心行孝道，那才是真孝顺。只不过红尘中沽名钓誉者甚多，也有人天天帮父母洗脚，却依然未必是真心孝顺，因为他洗得心不甘情不愿。是否虚假造作而非真心实意，其实一目了然，所以我们要全方位看清楚事情运转的真实意义，才能觅得正确且光明的道路。

无论过去、现在还是未来，自己的行为是真是假，每个人都应该胸中有数，请牢记天地绝不会辜负你，你若是弄虚作假耍花招，便是自己辜负自己！在实修、实练、实做、实证的功课中，一切要以"真"为依归，即使做了百件、千件、万件，若是心不真、意不实，到头来也是一场空，甚至还可能不小心起了反作用。若是努力过后局势毫无进展，则一定是某些地方出了差错，如果行之多时不仅没有进步，甚至还退步，就要赶快进行地毯式搜索，看看究竟是哪一个环节出现问题，随后即刻止漏改进。已有无数人因开发幸福潜能而获致昌盛，没道理在你的身上就行不通。当发现执行频率不对，就该调整到正确的频率，一步步循序进行修正，自然会幸福成真。

在《遇见幸福》一书中，一再强调"幸福潜能开发"的学习里，没有繁文缛节，无须特殊仪式，更不必借由某种独特的元素让你生起所谓"崇高殿堂遥不可及"的感叹，我们的核心要义在于宇宙天地的真理，一切都是结果论。所以请督促自己随时做到位，简单实在地做人，全心投入营造练

习，真心运作，如此自有理想的成绩。有缘相遇翻阅此书的你就是有福之人，从此无关乎时间、地点，在任何一个当下，都是你为自己深入开发幸福潜能的好时光，务必掌握住时机点，该努力的时候拼尽全力，不要轻忽应尽的本分，在正确的大道上勇往直前，同时谨记，无法成事的错误事项就算你努力了数十年，终究只是白忙一场，难以获致丰盛成果。

前面讲述的幸福潜能开发，不知诸位读者有没有身体力行，在日常生活中逐一落实并进行实验呢？是不是一开发就有收获呢？开发幸福潜能的过程，就如同我们要挖一道沟渠埋入水管，规定要挖至少 2 米左右才可以埋下管线，届时管道才能发挥最佳作用。当你拿到挖土的铲子，聪明如你势必要赶快挖对、挖深、挖出个所以然，一定要确实挖到位才能够埋管线，而非漫不经心、草率马虎地随手胡乱挖掘，倘若真是敷衍了事地乱挖一通，即使挖到汗流浃背，也无法获得你想要的理想结果。

若由此对应到我们的人生，则务必记得"一切都是结果论"，所以对幸福潜能的开发工作切勿再掉以轻心，也不要轻率地开玩笑。你不辞劳苦地进行挖掘工作，若没有精准挖到位也是徒劳。目标 2 米，要是你挖到 1.999 米，还差 0.001 米就停止，依然没有用处。那些未曾理解真实意义的行为，即使花费十天十夜、废寝忘食、卖力拼搏，到头来也终究是一场空，这世界就是这么残酷。别安慰自己是在享受过程，因为没有到位的结果终究是无用，过程再美好也是枉然。当别人都已经达成目标了，你却还在原地打转，甚至继续盲目挖掘，把自己珍贵的人生给浪费了，真是情何以堪！

♥ 精准实修　成长茁壮

人生苦短，稍微不留神十年就过去了，而人生有几个十年可以挥霍？你要放任多少个幸福契机从眼前悄悄溜走？是否要等结局成空，再来抱怨上天不公，所有好礼为何都没有你的份？怪老天爷不如怪自己，凡事还是得反求诸己，唯有先强大自我，才有接受他人帮助的资格。天助自助者，"自助"以后就会得"人助"，紧接着才得"天助"。如果连你自己都缺乏自觉，总是羡慕别人的顺利而哀叹自己的坎坷，心里难受纠结导致能量持续低落，在负能量场中不断恶性循环，更难以企及富足丰盛、幸福圆满之境。

务必谨记"事在人为"。自身的努力当然不可或缺，但努力的同时绝不能缺少智慧来导正方向。"智慧"从何而来？答案是从日常的实修、实练、实做、实证中获得。在反复修炼、印证的过程中，把这些幸福潜能开发的理念自然而然地融入日常生活，在运转中深入经藏，智慧如海。一切的

一切并非我说了算，还是得请你亲身去做实验，若是发现我所言不虚，那就得赶快加把劲，抓紧时机修炼出炉火纯青的功夫。如此一来，下回再相见时，就有望看到全新的你，脱胎换骨、容光焕发。往昔那些虚情假意、举止轻浮等贬义词，再也不会加诸到你身上，取而代之的是成就非凡、幸福圆满的祝贺赞颂。

生命中的点点滴滴都具备其真实道理，关键在于你愿不愿意去深入探究。有些人自诩口才了得，能言善道，粉丝成群，实际上却是一个失败的演说者，因为他在三十分钟的互动交流里，自己滔滔不绝地说了二十五分钟，只留五分钟听取其他人提出的异议，如此一来，他的话语非但无法成为听众的金玉良言，恐怕只会被怒视为自圆其说的砌词。在说话的艺术上，担任倾听者的角色可能会比较幸福，因为当人们急欲表达时，经常会伴随一些不良的习气，忽略了礼貌上的小细节，从而引起听众反感，导致一场失败的演说，一切真理必须各人主动学习，积极体验。

人们在追求幸福的过程中，有些谬误思维不能轻忽。一般人会认为有钱有势代表具有巨大的能量场，只要家财万贯就能过上幸福的日子，但事实真是如此吗？当你每天身上只能有十元钱买点心，在买小鸡蛋糕的那一刻，你可能心想：

好命苦啊，要是每天有二十元钱就好了，可以改吃红豆饼，多幸福啊！殊不知当你手中握有二十元钱时，依然觉得自己不幸福，因为你向往的幸福可能已经变成要价百元、香气扑鼻的盐酥鸡了。

在不同的层级上，脑袋就会有不一样的思维，若没有完全弄通获取幸福的逻辑观念就胡思乱想、患得患失，只会徒然耗弱自己的精神元气，真实的幸福仍杳无踪迹，那么当初发愤图强赚进的十元、二十元、一百元，又有什么意义呢？若你能将赚取的财富妥善规划运用，不胡乱挥霍、不恣意享受，让自己在衣食无虞的基础上更加精进学习，开发潜能，努力寻求机会作为自己茁壮成长的跳板，促进珍贵的生命花朵，一朵接一朵，永远绽放不歇，恭喜你，你离丰盛圆满的幸福境又更近一些了！

幸福格言 "幸福潜能开发"的理论，就像一把万能钥匙，可以精准开启你的关键思维，打通幸福"任督二脉"，贯通整体心灵循环，激发出自身全面潜能，依此分析专属于你的道路，并直达丰盛幸福人生。

5.3

主动出击　利益众生　幸福相随

　　许多人总爱说钱财乃身外之物，生不带来，死不带去，何必如此锱铢必较呢？但偏偏富裕荣华的生活往往是多数人心中的向往，难道当真要将所有的财富尽数抛弃吗？我认为这句话的真实含义不是要你真的视金钱如粪土，而是希望你的心境变得超然，不再为钱所困，避免为了追求钱财本末倒置，反而使今生一事无成。有句话说"穷得只剩下钞票"，就是因为有些人只有存款数字在增加，其余方方面面都毫无长进。也许这一辈子除了努力赚钱，什么都不曾得到，没有好哥儿们、好闺蜜，欠缺一份真挚的情感，没有心灵上的寄托，连可以敞开心扉真诚谈话的对象都没有……身上就剩下银行的存款、兜里的钱罢了。然而钞票究竟能让你在这场变化多端的人生大戏里，爽快肆意地享受到何时呢？只怕是个未知数。

❤️ 真心诚意　天地赠礼

别以为家财万贯就可以挥霍无度，人生来日方长，你的成就随时都有崩盘的可能。眼下也许你是个享尽荣华富贵的有钱人，但如果你仅仅以此就想证明今生的成就，未免也太过自我感觉良好，思想浅薄，你应该善用自己所有的资源来进行全方位的运作，以收获这一生最大的荣耀，同时尽可能地行功立德，丰裕自身的福德，此生才显得意义非凡。

有钱没钱、富足贫穷都不该过于在意，不该因为自己有钱，就自认为有多么了不起，千万别有这样的想法，毕竟谁也不知道下一步你手中的钱会归向何方；没有钱的人也无须灰心丧气，如果你明白世间万事万物都是能量的转化，就该知道在你积极地营造运作正能量的前提下，财富也有转向你身上的可能。更何况手上握有再多的金钱，也无法保证能为自己的人生带来全然的丰盛与富足。我们应将对于财富权势的追求，升华成对生命丰盛幸福的探寻。唯有明白自己生命的定位，不断地如实营造，开发幸福潜能，才能成就生命的圆满。

在幸福潜能开发的营造过程中，你绝对不是独自一人，你当下所有的温暖热情、真心诚意，天知、地知、你知、我

知，都不会对你真挚的热情视若无睹。然而在此我还是要提醒你：当你领受出乎意料的礼物时，千万别开心过了头，因此得意忘形，骄傲自满，目空一切，而应该能够清楚明了礼物的来源，并思考如何利用这份礼物产生更大的动力，继续成就更多的好事，如此好礼才会源源不绝。

务必牢记一点：希望你以最有限的资源，去成就最好的结果。人贵在真心，纯真美好总令人难以忘怀，一旦失真，一切都会变了调。就像前面章节提及的月饼生产，因为本着良心选用真材实料，加上用爱心及欢喜心制作良心产品，才能成为优质企业，并收获广大消费者的喜爱，倘若加入一堆化学药剂或防腐剂，即使成品再香甜可口也有害健康，并不值得推广。因此在日常生活中，莫忘时刻坚持无处不在的真、善、美，来丰盛自身的美德与正能量。

你一定想问人生究竟要如何才会获得真实幸福？答案当然是要"开发潜能"，就像我们前面提过的，要开发、挖掘、铺管线……马不停蹄地确实执行。这一切如果自己未能想清楚，弄明白，还在慢条斯理地徘徊、犹豫，一转眼即青山白发，恐怕诸多目标还未能达成，生命已经来到尽头，如此今生岂不是白走一遭？所以你肯定要在最可能的机会点上倾尽全力，运用所有你可以借助的资源、智慧、方法，付出最真切、实质的努力，而关键就在于促使方方面面达标，成就阶段性的结果。唯有这般实修、实练、实做、实证，才会得到真正属于你的幸福。

每个人都想在工作岗位上发光发热，获得升迁、加薪的机会，进而改善自己和家人的生活，而想要在职场上平步青云，事实上只要掌握诀窍，美梦成真并不困难。首先你要建立起一些重要的逻辑观念：你今天和上级交流过后，若他能因你而受益，你必定会备受对方重视，让他人先受惠，才有可能达到双赢的境地。要想成事，如同要让自己打一场胜券在握的仗，在战前的运筹帷幄中，你要先弄清楚自己身在何处，兵器、粮草究竟准备了多少。接着，思考该如何谋略策划以智取胜。唯有对全盘了如指掌，才能打下漂亮的胜仗。一切全在于每个人的抉择、智慧，以及对成功的定义。

自我开创、自我掌握、自我尽情演绎，三者皆不可缺少，所有境界都源于自我的认知与抉择，正确的选择才能与丰盛的幸福顺利接轨，若不是以自己为前提，自立自强，只怕不过是幸福的假象。就好比你正挖掘着那条开发幸福潜能的沟渠，因为兄长力气比较大，又拥有多年挖掘的经验，所以决定请他助自己一臂之力。第一天请他帮忙挖时，他态度

也许还算平和，但第二天仅挖了一小段便面露不悦，到了第三天你再继续找他帮忙，恐怕他已经摆脸色给你看。一旦经常有求于人，就容易看到他人平时不常表露的难看嘴脸，相信此时你心中的感受不会太好，而沟渠一挖三休息，热情没有延续，幸福的泉水当然无法喷涌而出。

❤ 自求幸福　在你心间

人必自助而后人助之，而后天助之，如果你懂得这个道理，第一天兄长在挖时，你就该用心努力向他学习挖掘的技巧，第二天学得差不多了，第三天便可尝试自己动手，这就是"自助、人助、天助"。不妨仔细思量，你会发现世间凡事的道理其实都是如此，许多事情你若不愿意自己动手，就会成为令人讨厌的被动者，一旦成为被动者，离幸福究竟有多遥远，可就不得而知了！

你若被动地等待别人对你展开笑颜，才觉得幸福洋溢，那万一十年过去，却还是没有人看你一眼，岂不是要抱头痛哭，哀叹"我好沮丧，因为没有人理我"？他不对你笑，你可以拿出镜子对自己展露笑颜，如果觉得自己的笑容僵硬、不自然，那就用幸福潜能开发的方法，营造练习、调整改善。看看镜中的自己，今天比昨天进步，明天比今天满意，后天又更上一层楼……当别人见到你也觉得顺眼时，双方互动自然产生一种丰富的情愫，洋溢着幸福的感觉。幸福就是这么来的，道理也就这么简单！

明白"种瓜得瓜，种豆得豆"的天地真理之后，要将精髓注入生命以求得改变，后续才有可能开拓出一条专属于你的幸福康庄大道，否则道理想不通透，还继续执迷不悟作出错误的抉择，必然不会有幸福可言。全人类都能真切体悟何谓"幸福"，不会因为成长环境、肤色人种、年龄大小或是政治背景相异而有差别，只要大家用对方法，都能将幸福之钥牢牢掌握在手中。我们要期许自己，将正确的思维逻辑观念融入日常生活的分分秒秒中，并得出一个令人满意的成果，才不会愧对此生来世上走一遭。

"幸福"在哪里？幸福就在你眼前，幸福在呼吸之间、在日常生活的方方面面里，但平时你之所以感受不到它的存在，就是因为你站在错误的轨道上。你分秒间的起心动念将决定你所处的境界为何。"一念天堂，一念地狱"，天堂与地狱的距离有多远？就在于自己的一念间。当你了解幸福无处不在，随时随地都有可能接受幸福的洗礼，让我们获致丰盛富足，在任何一刻，无论你在哪里，就都能品尝到幸福的美妙滋味！

❤ 利他利己　领航幸福

　　人生中的每一秒都要用心品味幸福何在！假设你一个人孤苦伶仃地走在路上，迎面而来的是一对热恋中的情侣，其相亲相爱的甜蜜画面，让你刹那间感到五味杂陈，不知道该往前走，还是往后退，当时你也许正因单身许久感到生命索然无味，此情此景触动你思绪万千，复杂的心情难以名状。这时千万不要觉得自卑、愤恨、嫉妒，反而应该怀抱"祝福"之心。虽然不给予祝福也不会影响到对方，但对你而言，表面上看似没什么变化，实际上只要你不断发送祝福，也许福气、好运就会被你强大的祝福吸引而来，并将加倍的福运灌注在你身上。

　　十对情侣从你面前经过，每一对都是柔情蜜意、热情澎湃，而你适时地一一送上至诚祝福，说不定接下来迎面而来的那位单身异性，也正如同你一般孤独，却不断发送祝福给他人，你们彼此会心一笑，相互接触的眼神如此温暖，一段良缘就此展开。可别质疑世上怎会有这么巧的事情，你永远不知道这出人生大戏的剧本下一秒会如何进展，但是请相信"对人好一点，好事就会多一点"。以上都是你平常该练习的功夫与火候，关键就在于置身在幸福满溢的世界里，你有没

有把正能量吸引到自己的身上，让环绕你的每一件事都转换
为好事，从而因为你的营造、转念、调整，幸福好运一波波
降临。

在人生的道路上，能够造福众生就是一件好事，幸福也
会因此加诸于你，平常就要先练就心存善念、行善积德的功
夫，久而久之自然而然地达到真实境。我们无时无刻都要懂
得惜缘、惜福，并感恩一切安排。所有的一切都在进展中，
假如别有用心地有所冀求，未必能得偿所愿，但若你是真心
地运转着正能量，也许经过精心调度，幸福就会自然可得！

人生就如同驾驶飞机，必须掌握大方向，也要懂得弹性
调整。当你知道大前提时，就不要小鼻子、小眼睛地为蝇头
小利斤斤计较，而是要用真心诚意的转换、运作，让正能量
在身边自然流转，生生不息。就像前述月饼工厂的老板，我
们可以发现他的热情不是特意虚伪的表演，他的福德因真心
而充沛满溢，身为局外者的我看得深受感动，诚心祝福他继
续营业五十年。红尘中想要好事成真，自己要先运作得当，
才会吸引贵人前来与你一起共振，促使好事的成就，所以你
必须成为主导者，也就是幸福的驱动员，如此则所到之
处正能量满溢，贵人不招自来，任何时刻都身处于爱的幸福
殿堂。

幸福格言　明白"种瓜得瓜，种豆得豆"的天地真理之后，要将精髓注入生命以求得改变，后续才有可能开拓出一条专属于你的幸福康庄大道，否则道理想不通透，还继续执迷不悟作出错误的抉择，必然不会有幸福可言。

5.4

笃定向前　有爱世界　共荣共好

　　真正感到幸福的人所展露的笑容，会令人打从心底感受到阳光般的愉悦，而分明觉得不快乐，却刻意勉强自己假装过得很幸福，一副皮笑肉不笑的样子只会令人退避三舍，没有人会相信你置身于幸福的殿堂。每个人的每一天都很珍贵，何妨尽可能地保有一颗赤子之心，真情流露地度日。幸福原本就在我们身边，只是尚未被发掘，因此除了仰赖平日里潜能开发的营造练习，还得通过各种因缘际会，才能让好事成真。

❤ 幸福沃土　时时养护

　　我曾经听说过一个例子：有一位朋友去办理美国签证，事前已仔细地准备好所有必需的文件，并将其收放在包里，而后在办理现场被告知应将包放在面试场所外，他就天真地将所有文件与包一并搁置在外，没带着应需文件就准备去面

试。后来在等待途中忽然意识到不太对劲，只好放弃排队，急忙出去把所需的文件带上并重新排队，怎知又一个不小心，把办理签证需要的照片掉在地上，自己却浑然未觉。后来自以为万事俱备的他终于到了面试官面前，却慌乱地发现照片遗失了，眼看排队一整天的辛苦以及事前的准备工夫就要付诸流水。所幸他平日勤于营造练习，日常耕耘有成，在千钧一发之际，有位清洁人员捡到了那张照片，还拿着照片找到他的面前询问："这张照片是你的吗？"后续也顺利取得签证。

奇迹发生、好事成真的感觉实在是格外幸福，这些好事应该不会只是单纯的巧合吧？这一连串成就的因缘从何而来呢？为何贵人会及时出手相助？这绝对不是单靠运气，还得凭借自己平时积存的正能量，并在认知、经验、知识等方方面面营造练习，培养幸福的纯熟度，才能梦想成真，迎来幸福结局。换句话说，创造幸福可以很简单，但是必须"有时想无时"，平日就未雨绸缪，在你的幸福土壤里不时地适度灌溉、施肥。既然要培养幸福土壤、开创幸福果园，就该做个好人，待人和善、助人为乐。每一刻都是好时机，因此我们在任何时间，不仅要享受幸福，还要培养、开创幸福。

试想：一群人去看电影，为什么偏偏就是那个成天抱怨连连，直嚷自己有多"不幸福"的人，时常遇上爱踢别人椅背的后座观众？纯粹是巧合吗？会不会是因为他平常在外就是爱与人争长论短，老是和他人过不去？你可能会质疑怎么有这么巧的事，然而事实就是这么巧妙地呈现在你眼前。冥冥之中自有安排，只是你不知、我不知，甚至当事者也不知，所以开发幸福潜能的同时，请先学会做个好人。需注意的是这个"做好人"并非只是挂在嘴边的口号，也不是在人前刻意造作，更不是要你积极参选好人好事代表，而应该是随时随地在分秒间的真情流露，可以在做好人的同时滋润自身生命，获致丰盛幸福，世世代代福泽子孙。

红尘人世中，好、坏都是一天，何苦让自己停留在骂骂咧咧的那一天呢？别再为了某句话、某个情境，感到浑身不舒服、不幸福，甚至怨叹时乖运塞、倒霉透顶，然后带着这个阶段性的结论，拖累了一整天、一整月、一整年，甚至一辈子的幸福进展，如此不智的事千万不要再做！诸位读者朋友们应该要"慈眼视众生"，待人以诚、宽厚友善，那么放眼看世界则处处皆有爱。当大家交会时的眼神真诚温暖，自会让彼此产生如沐春风的感受，进而体悟这世界充满爱。事实上这世界本就充满爱的能量，切莫因为你个人阶段性的错误结论，影响了对幸福的感受。

❤ 爱有智慧　直达幸福

"爱与感恩"，可以解开许许多多从古至今无解的难题，通过真诚的感恩之心，爱的能量将会升华，化解身旁许多无形的枷锁。提升爱的能量，不但能解决诸多问题，而且随时随地都能派上用场，所以我们日常就要努力营造练习、实修实练，从中累积更多爱的能量。请记住，当问题经过调整并得以改善后，就别再执着于那些陈旧的议题，我们应该先保持冷静，再以智慧思考下一步，该如何往幸福的方向大步向前？怎样尽可能让所有人都与你和谐相处？反之，若你眼界太狭隘，心胸太狭窄，总是只想着如何"以牙还牙，以眼还眼"，对任何人都没好处，与你追求的幸福之境更是背道而驰。

落实"爱与感恩"的同时，你一定要具足智慧才能保护自己，绝不能像个受气包般地任人蹂躏而致伤痕累累，任何不能促成你丰盛幸福进展的事物，就代表设定错误，必须重新思考如何调整、改善。这一切进退、对错之间如何正确取舍的问题，都取决于你我自身的智慧。当你把真本性炼得炉火纯青，你的智慧就能随时随地自然流露成为你的本钱、筹码，许多你以前想不通的事，在智慧提升之后，往往一眼就能看透。

幸福不会从天而降，当我们通过生命时间轴后，发现事实真相，并就此进入正确的系统，掌握对的理论，认清大前提，进而用心经营，往往就会看到幸福的因子开始涌入自己的生活、生命中。当幸福一而再、再而三地前来敲门，就能形成一个良性的循环，你的举手投足间，也就能自然流露出幸福的气息。

如何远离那些不幸福的因子，避免将大把的时间、精力浪费在那些不幸福的事物上呢？不知各位有没有见过一些郁郁寡欢的长辈，心中的"爱"仿佛都变成了"哀"，那般孤立无援，若是前去询问关心，他可能会向你诉苦：一辈子的积蓄太早分给子孙，子孙拿了财产后就远走高飞，抛下他一个孤单老人独自伤悲……以上这种有爱却缺乏智慧的悲惨实例，社会上数不胜数。我想提醒各位年长的读者，请不要过早让子女知道你会把财产留给他们，依大数据分析，人多多少少有劣根性，拿到了财产之后，"孝顺"的程度和感觉也许就会和过去不同。

奉劝大家先不要透露财产状况为妙，或许你能通过预立遗嘱，让子女们耐心"等着"，一切将来再说，如中途有变故也能随时变更或撤回，这是比较有智慧、较能避免他日后悔的做法。能否看破人生，见仁见智，虽然亲情总是感人至

深，但毕竟上述案例也十分常见。

地球是圆的，能量是活的，我们相信爱出爱返，我对你好，你对他好，他对大家都好，有人又会对我好，这一切的好都会有个对应循环。千千万万人之中，总会有人愿意对你好，不用为了"幸福在哪里"的问题而紧张，因为幸福一直都常伴左右，重点是你要先能懂得自我开发，但这不仅仅是一个劲儿地挖掘，还要知道挖开后需要谨慎地打理。人生旅程就是行走在无数的阶段里，挖完沟渠、铺好管线，之后还要将地面恢复原貌，所有的过程都要靠自身的智慧带领。智慧从何而来？只要你处处无愧于心，在天地万物的孕育下，你自然而然本自具足，而这本《遇见幸福》就是希望激发出大家的真本事，让所有人都能依循着自身的智慧，直达你向往的幸福境地。

❤ 真情流露　天地眷爱

我平日从事音乐创作工作，制作一些正能量歌曲，也聆听歌者的演唱，更企盼能打造出心性善良、歌艺杰出的优秀歌手。我分析过许多歌手为什么会红，对其中的精髓可谓了如指掌，若歌手本身的条件出色又获得系统栽培，再加上天时地利人和，想不红都难！其实无论你从事哪一行、哪一业，都可以在"幸福潜能开发"的营造练习中，提升智慧而让生活更加精彩。行行出状元，无论你身在何处，只要积极努力都会觉得事事顺心，好事一件件成真。

每一天晨起都要对自己充满信心，调动自身的热情与活力，持续地营造练习。当你明白生活可以如此幸福的那一刻，就别再迟疑观望，请开始采取行动，让你生命中的每一个抉择、每一步、每一秒都能准确无误地走在幸福大道上。倘若你愿意在营造练习中不断提升自我，我在此恭喜你在红尘中将会比别人更早获得成功。无论老幼，随时都是好时光，时刻都能立志开发各种幸福潜能，务必在你可以运用的点点滴滴资源里，不停歇地去成长、成就，直到获得满意的幸福结果。

你辛苦营造的所有结果，还要经得起考验，受得住自身的检视，在过程中更要扛得住世人怀疑的眼光，待丰硕成果呈现在众人面前，你自然会散发出耀眼的幸福光芒，吸引有缘人亲近，无论男女老少、贫富贵贱，你皆能真情流露与人互动。世间万物皆有情，所有对应都是丰富多彩的，当面对每一天发生的大小问题，若你的心绪依然随之起伏摇摆不定，不妨多聆听一些正能量歌曲，让自己的心随时归返沉稳平静，更笃定地面对未知，勇往直前迈向成功。

　　从现在起，请你用最坚决纯真的心感受到活力、幸福、圆满、丰盛，让我们时时积极相互共勉，主导自己的幸福人生。在幸福潜能开发的世界里收获富足丰盛后，也请继续为身边的家人带来正面影响，乃至于小区邻里与整个社会。倘若每一个人都能成长、富足，这片土地将在诸位有缘人的努力下共荣共好，磁场转变，让我们的地球因为你好、我好、大家好，全人类共享幸福。

第六章

达标幸福生命丰

6.1

当下抉择　扬起心光　创造幸福

　　"幸福"到底在何方？它与生俱来就藏在你我身上！那究竟该如何开发潜能、具足智慧，进而发掘幸福呢？首先，在我们幸福潜能开发的营造练习中，绝不能忽视"充电"的重要性，应该随时敞开心门，用心领受源自宇宙天地间浓厚温暖的"太阳之爱"，并且万分珍惜这份难得的爱。接着，当我们面对日常生活中的所有问题时，都要深入探究自己的认知与真理是否吻合，有无落差，可以通过网络、各种书籍或人际交流等渠道，厘清自己认知上的疏漏，进一步修正过去旧思维的偏见，以求得正确结果。若能回归单纯的思维逻辑待人处世，便能够在沉静中生出智慧，从而轻易地找出每一项问题的解答，适时给自己平静的空间与喘息的机会，以宏观视野看待世事，对事情进行全面性的思考和判断，以此来降低失误的可能性，即能永保幸福长久不衰。

❤ 日常营造　力求甚解

有幸进入"幸福潜能开发"的学习天地里，就像是徜徉于一方珍宝福地，每位努力耕耘其中的善良有缘人都能尽情取用，人人都能因此而获得成功，进而收获丰盛圆满喜乐的果实，并在生命质量提升的过程中，见证永恒不变的真理。唯有在永不放弃的营造练习中进入正确的轨道，才能寻得真正的幸福。我们应当在每一天的自我定位中，省察自己当下有没有进步、是不是遵守各项规定、能不能让生命不留白，还要检视这一秒有没有比上一秒更加丰盛幸福，能不能在每一个阶段，都给自己一个无愧于心的交代。

我曾前往新加坡参加活动，该趟亚洲之旅让我大开眼界。犹记得我和朋友欲前往某间位于顶楼的餐厅，在搭电梯时遇上了采用人脸辨识的智能电梯，我们一群对高科技机器没辙的人，完全不知道打开电梯门的操作方式，幸好最后误打误撞地打开了电梯门，得以进入餐厅享用美食。我在饱餐一顿后下楼的途中仍是一头雾水，至今仍未搞清楚那道电梯门开关的真正窍门，但我在事后回顾细细思量的过程中，忽然体悟到人们实在不能"不求甚解"，次次都凭运气过关，否则改天若有机会二度到访，也许就没有这

175

次幸运，那岂不是要受困于电梯内？就像我们在幸福潜能
开发的营造练习中，也该努力求甚解，因为一旦思维逻辑
观念阻塞不通、马虎草率行事，光凭运气恐怕难以获得丰
盛的幸福成果。

来自世界各地，分属不同国籍，与我一起在"幸福潜能
开发"天地里营造练习的朋友们，无论以线上或线下形式学
习，皆收获满满。我期许大家，当回到自己的国家、各自的
岗位，就要成为转动爱的自发体，在人群中灿灿发光，甚至
能影响身边的人，带动大家一同让这世界处处充满爱的正能
量，幸福的泉源川流不息，源源不绝。事实上，这个世界本
具繁荣昌盛的因子，让世人都能安居乐业，各地都能风调雨
顺，各国都能国泰民安，就像以整洁、干净、守规矩著称的
新加坡，据说就是一个天灾极少的国家。多数人都希望能居
住在如同仙境般的地方过上好生活，其实我们只要善用"爱
与感恩"进行营造，也可以让此刻的生活宛若天堂一般美
好，无论你在世界的哪一个角落，都可以因自己分分秒秒的
营造而仿若置身于四季幸福的人间天堂。

♥ 发挥魄力　审视自我

本书阅读至今，已进入最后一章，不知诸位是否已感受

到丰盛的幸福？在潜能开发学习里、实修实练营造中，应该有不少读者已经逐步体会何谓"富足丰盛""幸福圆满"。为什么要问你幸不幸福？因为人类的心思极为复杂，说不幸福，其实日子过得还算平顺，说幸福，却总还是有几件令人感到不幸福的事项。那么要如何把你心中不确定的感受转换成永恒的幸福？实修、实练、实做、实证极为关键，务必把幸福潜能开发中习得的法宝，一件件拿到日常生活中做实验。如果进展中有任何环节出差错，无法在正确轨道上前行，事情就会一直在原地打转或停滞，徒劳无功，所以一定要拿出魄力，在当下就要彻底抉择，勇敢断、舍、离，坚持做对的事情。

在幸福潜能开发的路上，没有任何模糊空间，更不容许不着边际的猜想，你要身体力行、躬身实践，对自己行为的结果有十足把握，而非总是坐在家中凭空臆想，如此行事只怕将导致后果不堪设想。你的幸福应该是分秒间皆在掌握中、在进展里、在营造着，以创造朝朝暮暮与你同频共振的幸福能量场。同时这个幸福能量场的开创将随着你的不懈努力而愈加雄厚、笃实，让你的人生从此焕然一新，于是你的每一天不再是茫然空等，而是持续地在你的远见卓识中执行运转，并且与前方的幸福逐步接轨。

从今以后，只要在任何一个时间点感到"不幸福"，就要了解可能是因为在早些时候的某个当下，缺乏魄力坚持去做对的事情所致，然而即使偶有不尽如人意之事，也无须太沮丧烦心，只需在接下来的营造过程中彻底调整、改善，那么，就可以再度抢得先机，迈向下一个幸福境地。观念通透了，就没有什么好彷徨、遗憾的事，也没有那么多忧心的问题了，刹那间在这一刻如释重负，前程一片光明。事实上光明、兴旺一直与你同在！这些都不是口号，是你必须持有的信心与观念。

既然光明、兴旺与你同在，你应该如太阳般明亮耀眼，每一个人都应该在每一天里，在跨步前进的过程中，了解到在人生舞台上，自己既是编剧也是导演、演员，同时还是一位评论家，审视着整出人生大戏是否演绎得精彩圆满，落幕时是否已无一丝一毫的遗憾。

当你静心思索，也许会发现某些让你感到不幸福的因素依旧存在心底，此时就要尽快厘清：导致这些因子产生的最大关键为何？是否因为思绪混沌，经常想不通透？若你习惯先忽视那些该想通、弄懂的环节，将其暂时搁置一旁，它们将在你逻辑思维不通的当下化为心中的杂质，随着时间累积而逐渐削弱幸福的感受，让你在追求幸福的道路上逐步掉队。紧接着你会怀疑幸福为什么迟迟没有出现，从而萌生不幸福的受挫感。

因此，我们的营造练习，必须随时随地检视自己，在我们成长进步的路上，当然多多少少会有些疏忽或退步的可能性，所以当下应该立刻鼓舞自己振奋精神，赶紧回到正轨继续向前行，别浪费珍贵的生命。红尘中难免有些陷阱，容易误导自己偏离正道，落入负面的能量场中，所以每一个当下的魄力至关重要，每天、每时、每刻都要格外小心谨慎，才不至于眼睁睁看着幸福从指缝中溜走，还想不到任何解决办法。

💜 通情达理　逆境造福

所有人都希望拥有更美好的幸福生活，那么上述的道理就一定要先弄通，千万不要碰上某个节骨眼就卡关。比如，你和一群同事约好一起聚餐，并说好一人点一道菜。这时你兴高采烈地点了一道自己爱吃的糖醋鱼，岂知却被另外一个同事当场泼冷水，表示"糖醋鱼又不好吃"，你或许正因此感到有些不高兴，怎料居然还有其他同事附议，齐声嫌弃你点的糖醋鱼，于是你的"愤怒值"直线攀升，脸色逐渐阴沉，整个用餐时间都阴阳怪气，同事见状再也不敢招惹你。

试想：事后办公室的团队气氛会如何？你会有好日子过吗？其实仔细想想，真的需要如此吗？对自己有任何好处吗？那么为何要在那个刹那间，放任自己的情绪爆发呢？不过是一道糖醋鱼罢了，有必要为此搞砸心情、破坏气氛，伤了大伙儿的情感吗？

红尘纷扰，诱因繁多，许多人常常一不小心就在分秒间落入陷阱，踏进错误的轨道而陷入迷茫，导致幸福在不知不觉中流失，着实可惜。若有机会回头再想一次，你会发现不过就是一盘菜，其实也没什么大不了的！也许有人会反驳，认为问题不在于那盘菜，而是被他人否定的感受很差，但是因为被否定而在心里产生怨怼，不就是我们在平日的营造练习时，应该谨慎面对的情境吗？常言道"人生不如意事十常八九"，红尘里让我们顺心如意的事情，不可能是百分百的，如何在每一件事情的进展中，都可以营造出让自己稳赢或与他人双赢的局面，这才是重点所在。

试想：在人生的舞台上，每一天总需要面对纷繁复杂的事情，有那么多可能出现的烦琐剧情，如果自己没有先想通透，那么在那些曲折离奇、不尽如人意的事情中，很容易就陷进某个点被卡得动弹不得，毫无自救之力。你要等到事情突然发生了，窘态百出之际，才慌乱地学习如何应对？还是要及早准备、具足智慧、提振信心，充满信心地面对每一项挑战？相信聪明如你，绝对会选择后者，所以平日更应该认真做好各种练习，借事练心，随时开发幸福潜能。如果你观念正确，懂得保持谦虚，在追求幸福的道路上就不容易患得患失，总是被情绪绑架、控制，当你具足智慧，通晓人世间的阴晴圆缺、悲欢离合，眼前无论遇到什么难题，自然都能应对自如！

幸福格言 提升爱的能量，不但能解决诸多问题，且随时随地都能派上用场。地球是圆的，能量是活的，我们相信爱出爱返，我对你好，你对他好，他对大家都好，有人又会对我好，这一切的好都会有个对应的良性循环。

6.2

幸福法诀　能量后盾　丰盛常在

还记得前一章节所举的例子吗？聚餐时你点的糖醋鱼当场被同事嫌弃，你是要为此大动肝火，整个人变得阴阳怪气，搞砸聚餐气氛，还是要将这件事当成借事练心的好机会？类似的情境可能一而再，再而三地在你的生命中上演，所以应当尽早彻悟什么是正确的应对方式。如果每当事发时你总是摆一张臭脸，导致大家对你避之唯恐不及，那最后吃亏的人终究是你自己。你若清楚人生必经之路，知晓红尘间世事无常，祸福相倚，就不会因为这类事件而让心境起伏不定，更不会落入不智的错误选择，作茧自缚。

❤ 分秒幸福　由心而生

能不能游刃有余地面对世上的纷纷扰扰，与我们当下的心境有着密切关联。倘若想得通透、沉得住气，一切都不是难事，只需要微笑以对："既然大家不喜欢吃糖醋鱼，那咱就换道别的料理吧！"和和气气地解决当下的窘境，不是很好吗？否则在餐桌上咬牙切齿地愠怼同事，甚至回到办公室还继续发牢骚、闹脾气，没事找事，没完没了，最后受伤的终究还是自己，而这一切都是你自找的，怪不得别人。毕竟没有人该为你的情绪负责，没有人会在意你是否因为一条鱼而心情不佳，万一你在办公室里摆脸色的举动落入老板的眼中，之后吃亏的人也只会是你！

别说老板、同事看不惯你的臭脸，只怕家里的亲密爱人也禁不起你一而再，再而三倾倒情绪垃圾，为了一条鱼而不悦的故事，家人听一两次抱怨也就算了，听到第三次、第四次时，可能就会请你闭嘴，不愿再听你发牢骚。如此一来，你在家中还会有幸福感吗？当你开始自认不幸福，每日怨天怨地，觉得都是别人对不起你时，便形成了恶性循环，然而实际上你所认为的那些不幸福因素，根本就算不上什么大不了的事，更非棘手难题。何妨把每一天当作人间游乐场，用心感知世界，进行各种实验，细细感受每一项幸福的进展，提升自己的智慧。

幸福并非从天而降，更不是去乞求他人的施舍，而是在自己的人生历练中，逐一体会而得。假设一个人年轻时吃尽苦头，到了中年因为在守成中有所突破，而拥有了自己的一

片天，见过大风大浪的他，想必不会遭遇小小的变动就沉不住气。拥有豁达的人生观，自然更容易获得较大的成就，不要总是把自己视为温室中的花朵，或常常在现实生活中，为了着别人的评价而活，他人的评判分数稍纵即逝，最终一切好与坏的结果，还是得由你自己来承担。你所遭遇的任何不幸福的情境，对别人而言根本无关痛痒，但是你自己却因为这种不幸福感而流失了珍贵的正能量，导致身体和心灵都受到影响，岂不可惜？所以绝对要避免让自己落入情绪的圈套。

请你持续营造、练习、转念，认定天天是好日、时时是好时，时常对周围的人展露温暖亲切的笑靥，在幸福的殿堂里，总会有人回报甜美的微笑。当然生活中不尽然是如斯美好的互动，若他人无法微笑以对，通常是他心中爱的能量欠缺不足，你无须为此感到失落或不快。爱的含金量是否足够，端视个人的火候高低而定，例如一对夫妻缺乏爱的能量，在用餐时总是因小事而争吵不休，不仅无法尽情享受美食，连"幸福能量"也因此大量流失。现代社会里这样的人数不胜数，可见我们一不注意就会落入红尘的陷阱，与幸福的感觉渐行渐远。

❤ 时刻造福　转化好事

正因为不会无缘无故获得幸福，所以我们需要亲手去开

发幸福。从前认为幸福要靠别人给予，如今我们很清楚幸福
可以从自身取之不尽，用之不竭，因为它就握在我们手里。
分秒间都有幸福泉源喷涌而出，只要自己有心汲取，幸福的
甘露将随时滋润我们的生命，助我们披荆斩棘直达理想之
境。我们可以营造幸福、拥有幸福、掌握幸福、传播幸福，
一旦观念弄通，则一通百通，所有事情都通达了，去到何处
皆能顺心如意，走到哪里都有幸福随行，每一个人都是幸福
的宠儿，人人都有张幸福的脸庞。

所谓"幸福法诀"，就是若从反向推导回来，你不会有
任何不幸福的感觉。今生你我原本就该过得幸福美满，不应
该怀疑自己会不会得到幸福，因此当你想通透的同时，也
等于在开发自己的幸福潜能。即使你开始时面对的一切人、
事、物并非那么顺风顺水，但是由于你自带满满幸福的因
子，所以得以轻而易举地把所有的局都翻转为幸福面，让事
事皆能称心如意，如此，幸福的宠儿非你莫属。在开发幸福
潜能之余，也别忘了将那些懦弱、害怕、忧郁、愁苦等负面
词汇，统统扔进垃圾箱，切勿让它们与你的生命纠缠不清。

"想得开，放得下"，并非让你干脆躺平不做任何事，而
是要你"尽人事，听天命"，尽力之后就无须过分执着、心
有执念。破罐破摔地摆烂不做事绝不会获得眷顾，要去做你

最该做、有把握，并且尽洪荒之力准备好的事，最后才把一切交给结果。常言道："吉人自有天相"，若你能调整好心态，那么在方方面面都能体会到"原来我一直置身于爱里，从来没有离开过"。

"丰盛幸福"是人人都渴望的境界，一旦了悟，生命深层的真实状况才会展现。如果生活中藏有"不幸福"，讲得天花乱坠也徒劳无功，因为自己宝贵的时间都耗费在解决不幸福的问题上，即使"假装幸福"，也无法融进真正的幸福氛围，马上就会被看穿、识破。每一件事情都有一个循环，而你能预先把整个循环搞懂、弄通，就能泰然自若，"兵来将挡，水来土掩"，无论在何时面临何种问题，都会因为事前的充足准备，得以逢凶化吉，进而借由自身的智慧发掘出源源不绝的绝佳灵感。如此一来，你就成为一个"好事转化器"，哪怕坏事找上你，也可以将其转化成幸福好事，甚至好上加好，创意无穷，每天都过得如鱼得水，充实愉快。在职场上，你具备潜能开发的智慧，就能够超前看到诸多可能性的开发创意，以及各项需要及时调整的细微环节，让你有更充裕的时间超前部署，胜券在握，如此，你当然就会进步神速！

💙 调动能量　领取礼物

当你成为拥有幸福的宠儿，就千万别再去理会那些纷繁复杂的红尘事。心态调整正确到位，眼里所见尽是五彩缤纷。幸福一直在人间，在你身上落实着，每一天你所经之处，散发着"幸福的味道"，因为幸福洋溢，无论走到哪里，都会散发一种幸福记号。我期许在你的人生里、在每一天的历练中，你除了将自己的人生彩绘得更缤纷华丽，还能借此动力让更多人一同获得幸福。

人间问题包罗万象，生命曲线起伏不定，顺风顺水时稳定上扬，但是走下坡时，想要拉抬爬高，就需要使出加倍的力气。面对人生的难题，可以用正常方法解决，但对于一直没有办法解决的事情，也许可以试着调动其他的能量。就好像有人遇上了恶霸邻居，蛮不讲理，迟迟不愿意修理家中漏水，让住在楼下的你苦不堪言。当想方设法都难以解决时，不妨换个思路来处理。

想要拥有强大的正能量后盾助你趋向幸福，还得靠自己如实营造、练习，否则恐怕就无法获得满意的结果。"能量"说穿了就是这么简单，没什么大不了，但学会活用能量，就

能调动各方正向的丰盛力量。若全世界每个人都学会活用能量的技巧，则人人都可以丰衣足食。缺乏正能量的人就像空有躯壳，缺乏精、气、神，唯有身、心、灵三者皆取得丰盛之余，才能领略幸福美满之境。无法丰盛，一切都是零，好比一辆美丽拉风的车子，没有油电等动能驱使，还是没法上路奔驰。

在你因为"爱与感恩"而受益的同时，会明白幸福得来不易，必能感受到自己何其渺小，我们将不再害怕，也不再陷入红尘七情六欲的各种烦恼与担忧中，更不用再与他人逞凶斗狠、争权夺利。从现在开始懂得"以德服人"，若再别有用心地去耍弄各种小把戏，甚至营私舞弊，最后谁都不会获得幸福，不如在我们"幸福潜能开发"爱的殿堂里，尽快明白能量总和是一切的根本，人人辛勤营造练习，尽情交流你我的富足丰盛幸福吧！

6.3

自力更生　主动掌控　积极进展

　　宇宙其大无外，其小无内，每一个人就是一个小宇宙，即使是一个细胞、肉眼不可见的微粒，内部也都存有一个宇宙。每个"宇宙"之间看似毫无关系，实则有着紧密联系。当你妥善照顾好自己的小宇宙，致力幸福潜能开发之余，莫忘还要乐善好施、乐于分享，因为唯有人人致力于营造双赢、多赢的局面，才能促使我们生存的世界稳定繁荣。因此，我希望你能真正把握幸福，并与他人分享幸福之道。当你自身获得幸福，足够强大稳健，方能向世界传播幸福，与他人一起正向共振，而这是拥有幸福的唯一出路。

❤ 凝神静气　转念营造

　　若你总是遇到那些不幸福的人，不免会开始怀疑最近运气怎么这么差，到处乌烟瘴气。世界很多不幸福的境况，就是因为很多人都没能在第一时间当机立断，错失解决问题的

189

最佳时机，以致造成后来种种不幸福的结果。时时调整自己前进的方向，及早控制那些不幸福、不圆满的因子，才是令所有人生活更幸福、生命更富足的正确方法。

当奉公守法的人多一些，违法乱纪的坏事就会少一点；人人都遵循宇宙真理，分秒营造练习，大家的幸福指数便能大幅跃升，尤其当你明知那样做是错误的，就千万不要以身试法。然而现实生活中不遵循真理的人不在少数：过往人们普遍认为遵循准则是天经地义之事，现在却有不少人满不在乎，甚至为了一丁点儿利益铤而走险，乖张行事，只求今朝有酒今朝醉。一旦大家对如此作为习以为常，见怪不怪，社会的整体不幸福感必定增多。

我相信《遇见幸福》的每位读者，都真心希望拥有富足丰盛的幸福美满人生，那就该立志开创幸福，并且在举手投足之间显露真实不虚的丰盛幸福。即便用尽一生所有的力气，也要把握各种难得的契机，让生命随时随地充满意义，今生每个阶段都能精彩，不留白。

当生活中的各种难题骤然降临，我们总是容易在杂乱无章中失了方寸，此时应当先凝神静心，将躁动的心神安定下来，不要被当前情况所左右，接着进一步力行转念营造。要能尽快达到凝神静心的境界有个大前提：尽到日常生活中应尽的本分，转念营造的进展则取决于你平日里修炼的火候，假如功夫熟练，刹那间你就会有一种"搞定"的感觉。这一切是否为心理作用？就请你亲自做个实验测试看看！

例如，家庭主妇因逛街购物太开心而不小心忘记时间，导致太晚回家，面对横眉怒目的老公，究竟该如何应对？首先应凝神静气，接着提示自己转念思考："他是爱我的，所以才会这么担心我！"于是立即送上一个甜蜜灿烂的笑容，为晚归一事撒娇认错、施礼道歉。因为你心中这么想，老公也许真的就会降低声调温柔地告诉你："因为我爱你，真的很担心你的安全！"刹那间气氛转变，感情升温、热情流露，幸福度爆表提升。

如若能在平日的实修、实练、实做、实证中将智慧提升，你就会发现自己能够提前好几步预测事情的发展，对很多事了如指掌。也许以前家中大大小小的事务总是由另一半来主导，如今已转换成由你引领，不过还需牢记，虽然你是主导者，还是要秉持温、良、恭、俭、让的处世原则。你和对方持不同意见，虽然你说了算，但态度应该温和而不咄咄逼人。如此真心营造之下，夫妻之间爱的感觉自然绵延不绝，每一天的分秒都充满甜蜜温馨，生命这般美好！

❤ 反求诸己　自立自强

此刻当你回顾过往的人生，无论是十数年或数十年，可能会发觉昔日有诸多不需要花费那么多心力的事情，却因当时的不懂事，无谓地耗费了大量时间与气力。再转念想想：如果没有曾经的付出和挫败，你就不会因为从中吸取教训而获得今天的成就，更不会明白如今局面的珍贵，所以依旧要感谢所有过去遇见的人、事、物，时时刻刻抱持着感恩之心。

就在这一刻，因为你自己的提升，世界变得不一样了，别人正带着羡慕的眼光看着你发光发热。由于你的成长、突破，在生活中找到了新的方向，从此以后，你走在轻松、愉快、幸福的康庄大道上，沿途不断激发幸运的火花，人人称羡，事事从容过关。往日那些你求而不得的幸运与幸福，多半是因为你将进展的关键要素寄望在别人手里，凡事必须依赖他人，所以"反求诸己"非常重要，这并非只是一句口号，而是必须积极落实的每日例行事项。

拥有幸福的关键要素掌握在自己手里，自力更生、自立自强究竟有多重要？我举一个亲身故事为例：我们都知道交通工具刹车功能的重要性，所以若是维修故障，通常都会寻求专业人员协助，委托修车师傅进行处理，毕竟人命关天，一切以安全为重，容不得丝毫马虎。

犹记得我在某一次的家族聚会里，听闻一位亲戚高谈阔论，不断强调换刹车片有多容易，简单几个步骤弄一弄就完事了，甚至慷慨允诺之后可以帮我处理。而世间事就是如此凑巧，不久后我的车子竟然真的需要更换刹车片，于是我郑重其事地在某个假日把车开往他家，询问道："你上次不是说可以帮我换刹车片吗？"怎知对方竟愣了一下，才迟疑地响应我："喔对，没错。"并指派我先把车停在一旁的特定位置。眼见该名亲戚大半天没动作，无奈之下我只好主动询问是否需要帮忙，随后他便开始口头指挥我：先把车架起来，还有轮胎都拆了……搞到最后，刹车盘里百分之八十的零件都是我自己拆下的。

霎时间我忽然领悟：真是何苦来哉！明明把车开去修车厂处理就了事，小事一桩，不是吗？一时误信亲戚的客套话，反倒把自己搞成了修车小弟，更何况有几个关键处可千万不能随便乱搞，万一没弄好，车子开出去是会出人命的！原先以为是在维系亲情，结果对方却以各种理由推托，还指使我亲自动手，反而弄得彼此之间有些尴尬，况且换个

刹车片其实花不了多少钱。刹那间我终于明白：人必须自力更生！有过一次这样刻骨铭心的经历，我从此不再求人，需要换零件就直接将车开到修车厂去。

💜 十足把握　主导局势

这个经验能让我们学习到什么呢？你会知道面对任何事情都不该轻率作决定，一定要先让自己有十足把握，否则很多时候反而会让事情变得更棘手。从那次之后，要做任何事情前，我都会先想想此行究竟有没有把握？能不能成功？一切在不在行？有没有可能失败？该如何拟定周密的方案？后来发现，你越是如此谨慎，心思就会变得越来越缜密，各种事前准备益加精准到位，各方面的助缘也会随之而来。好事的发生，在于你自己要先自立自强，充分准备，后续就能顺理成章、好事成真。

有了我的经验作为参考，未来当你想求助于人时，千万要记得我换刹车片时的遭遇，多想那么一会儿，能够自力更生、自立自强，就不会衍生不必要的变数。要知道每一次的不幸福，也许就是那些变数惹的祸。比如我原先预设请亲戚修理刹车片，修到后来变成自己修，霎时间就觉得不幸福了。那时我还年轻，自己动手尚无妨，如今一身老骨头，可经不起这般折腾。

不知道你有没有发现，人生中的每一个时间点，一旦没有想清楚，就很容易遭遇乱流。各种价值观的不同、轻重缓急的落差，都可能致使你一不注意就落入不幸福的陷阱，偏离正轨，所以每一个时间点，你都要自我反省能不能把握住幸福，是否能让自己有所成长，随时增强盘点自我的能力。若各个方面你都能了如指掌，就不会在迷茫中流失宝贵的能量。

每天有那么多事情可以动脑筋去实验、验证，你为什么不去进行看看？明明就可以让自己越来越好，为何还要算计各种芝麻小事，搞得自己烦恼丛生、苦不堪言？当你不再重蹈覆辙，会发现一旦少了杂事的侵扰，自然能更加神清气爽，事事都充满希望，每件事情看起来都变得如此简易轻松。这是因为这些日子以来自己变聪明了吗？没错！就是因为你提升了智慧，加上懂得将事情化繁为简，一旦事情不再复杂，变得简单纯粹，答案自然更显而易见，幸福也就不求自得。

就像我当时不清楚"求人不如求己"到底有多重要，去修个刹车片才发现有时世间人情薄如纸。同一件事情，你请

亲戚、朋友帮忙了三次还勉强可以，到第四次对方可能就不愿再与你联络。人世间的生存法则就是如此残酷现实，所以自立自强格外重要。人人都应该将主控权掌握在自己手上，使自己对全局了如指掌，那么原本各方面看似杂乱无章的事情，就再也不会让你起烦恼心。同时你要确认自己拥有足够的能力，以便在天时、地利、人和时，顺利得到别人的帮助，不过前提是你本身得具备一定的基本实力，否则一旦别人因故中途收手不再帮你，你又会感到不幸福，这些绝非我们所乐见的。

6.4

点亮世界　幸福洋溢　灿烂非凡

喜欢被鼓励，厌恶被数落，实属人之常情，无论男女老少，或是来自哪个国家、家庭，没有人不是如此。所以人们在受到鼓舞的当下，总能感觉到幸福洋溢，走起路来昂首阔步，顾盼之间神采奕奕，但要是遇上他人无情的指责，则负面情绪往往在瞬间高涨，幸福愉快的感受可能消散殆尽。若是想要避免遭受责骂，杜绝负面能量来袭，首要之务当然是先反求诸己。例如在公司里做好每一件工作，细心检查可能发生的大小缺失，注意防范容易产生疏漏之处，尽可能不出任何差错，将上级指派的任务完美达标，不让老板有任何数落你的机会，自然能提高升迁的概率。

🖤 抢占先机　幸福发光

在家庭中懂得分担家务，应该是大大加分的事项，在老婆开口前完成家务，甚至主动询问还有什么要协助的，相信

她看你的眼神都会充满温柔，而由于妻子满心欢喜、幸福洋溢，连带老公也会沐浴在幸福中！切莫因大男子主义作祟，觉得有失颜面而拒绝做任何家务，夫妻间应该互相照顾、体贴对方，一旦老婆开心，相信先生的日子也会更为舒适。

"严以律己，宽以待人"是一种为人处世的基本态度，也是一种高尚的道德品质，假如你不先对自己严格，等到别人严厉地要求你时，你就会感到压力大、不幸福。如果你可以自动自发，在别人疾言厉色前先严格约束自身的各种行为，鞭策自己成长进步，就能够掌握住幸福。同理，当你能未雨绸缪准备周全，完成老板要求的工作目标，各方面表现出类拔萃，升官发财的人当然非你莫属。

我们无须对生活中的每一件事情斤斤计较，若对别人百般苛求，就是和自己过不去。对自己严厉要求，并掌握宽以待人的原则，则各方面能够更加顺畅。平时就要练习把该补强的缺失、要准备的项目，一次全部做到位，日后必能省去许多不必要的麻烦，就像你自动自发做家务，或主动积极为家人外带他所期待的美味宵夜，温馨幸福的感觉便油然而生。很多事情如果可以居安思危，早一步完成，其价值将远远超过完成别人开口指定的"任务"，如此一来，无论在哪里你都会觉得人生幸福感直线上升。若是日日沉陷入喋喋不休的唠叨，只怕你的信心会就此消磨殆尽，天天生活在埋天怨地的指责声里，也觉得备受挫折、人生乏味。

幸福其实很简单，只要提早领悟生活中该注意的细微处，确实执行必要事项，或是随时关注细节再深入开发，幸福就能如期而至，而非要你去完成什么难如登天的任务。如今你既已掌握住这把幸福金钥匙，今晚就能对亲密爱人做个小实验：回家时递上热腾腾的美味宵夜，并在饭后抢先一步将家里收拾干净，看看是否能得到你所希望的简单幸福。

人生如戏，戏如人生，生活可谓艺术的一部分，艺术自然也藏在生活的分分秒秒间。你与亲密伴侣的幸福甜蜜浪漫生活，当然也是经由辛勤创造而来的，想要幸福的生活，还得靠你三百六十度全方位的活化营造。想要在我们"幸福潜能开发"的世界里感受幸福，光说不练绝对行不通，你还需锻炼一个功夫：落实最浓厚温暖的正能量——让可爱的太阳分秒与你同在。当你心中有颗太阳，身上随时光芒闪耀，则不怕负能量侵扰，到哪里都阳光普照。若真有个能拍下一切细节的万能照相机，相信就能拍出光芒万丈活力四射的你。你要致力于成为一个在人间发光发热，随时能与可爱太阳同频共振的幸福自发体。

在幸福的国度里，由于正能量场长伴左右，无须过分强求，则幸福喜乐常在。往昔你可能会祈祷：求子得子、求寿得寿、求姻缘得姻缘、富贵功名……皆能有成，此刻我们要随时随地带着太阳的祝福，自己努力追求无穷无尽的幸福。展书阅读至此，幸福潜能开发的工具已经备齐，好事也在前方等待着你，接下来就要看你自身作抉择时的魄力如何，以此决定未来的前途。因为你掌握了幸福、掌握了能量，如今闪闪发亮的你，与过去的你早已不可同日而语。

全身充满正能量的我们，幸福洋溢的丰盛成果正在你的身上大放光彩，一切尽在不言中。你已笃定地拥有幸福，还能随时带动他人寻找幸福，所以此刻你无论走到哪里，别人都会不自觉地被你吸引，同时赞叹、欣赏你自发幸福的能量场。此时千万别忘了推广你的幸福之道，让更多人一起迈向丰盛幸福。

❤ 掌握幸福　不停向前

世界上任何事情都有其解决的方式，何时能领会，端视个人的智慧与因缘际会而定——当下时机成熟与否。过往的你面对某些难题时，可能会因为当下解不开、搞不定，产生无穷的烦恼，而如今在学习幸福潜能开发后，你更笃定解决方法一定能在进展过程中显现，并随着你自身的努力，不断靠近幸福的方向。

太阳总是清晨升起，傍晚落下，每天无私地为你我补充正能量。再也无须对生活感到绝望，反而更该依循着幸福潜能开发的理念、方法实修实练，积极营造。切莫无端浪费珍贵的正能量，如此你将会有更充裕的时间、更丰沛的精力，运转更多的好事，在每一天的营造中真切的拥有幸福。世间万事万物可大可小，我们可能早已在不知不觉间摆平了诸多挑战，开发了满满的幸福。经过思维、逻辑、心态等各方面的精确调整后，我们更有无限的动力坚持做对的事情，成就生命的富足丰盛、幸福圆满，让今生不虚此行。

我们不该只开发了一件幸福，就从此心满意足，天天捧着那份幸福陶醉不已，接下来的日子里，永远只有那件幸福吗？并非如此。我们应当随时置身在丰盛的幸福里，享受幸福、开发幸福、创造幸福，因为自己能够作出正确抉择，所以离幸福越来越近，接触到幸福，进而拥有幸福。此刻开始是否觉得自己的身价已不同凡响了呢？许多人生难题，只要因缘具足，充满信心，就可迎刃而解。本书中许多例子一再地告诉我们，在正能量的激励下、在自己的抉择行为中，都有创造幸福的契机，人们生在这世上就应该幸福，能够享受

美好人生，不是吗？

享受过人生、体验过荣华富贵的生活后，你才有资格说"我要做苦行僧"，或作些独树一帜的选择。假如尚未达到那个境界，就嚷嚷着自己不需要幸福，要尝尽苦难地修行，恐怕不是你不想要幸福，而是根本没有相应的资格。好比确实取得胜利的人才有资格说"我不需要戴皇冠"，若你连胜利的边都还没够着，就高喊着拒绝佩戴皇冠，那就是混淆视听了！也许你根本就得不到，那还喊什么要或不要呢？不如勤勤恳恳实修实练，多多借事练心，在正确的心态下才能书写一部值得品味的"人生真经"。

当你作出抉择后，还得严格审视自身的一切行为，人生的成绩上下起伏，要随时随地作好调整修正，方能持续前进，且维持在正确的幸福轨道上。总之，幸福终究得靠自己掌握，若不尽早把握良机，开发幸福潜能，后续恐怕很难再有如此良好的机缘。如同前述例子，你也可以不做家务、不买宵夜，导致家人无法在与你的互动中得到幸福感，但相对地你也就感受不到幸福。既然要寻找幸福，就要将幸福的氛围深深地刻进你的灵魂，真真切切地创造，实现无怨无悔的幸福人生。

💗 顺逆之间　不改初心

幸福潜能开发中的每个环节都至关重要，每个进展过程都不可以含混不清，必须脚踏实地做好每一项实验，获取笃定的印证结果，而在每一个进展里获得丝毫的成就、任何的幸福，都该不改初心。无论成就大小，我们都要保持感恩之心。

倘若你在任何环节上，都以最诚挚的真心来努力，你的幸福指数就会一路攀升。聪明如你，要记得无论人生顺逆，都要坚持不改初心。

好事之所以能够一直到来，是因为你永远乐观，不言放弃。请务必给自己的生命一个交代，在幸福潜能开发的营造练习中，一定要勤奋努力获得亮眼成绩，每天都要有确切的进步，切记：不进则退。

既然幸福可以由自己开创、掌握，自己就能够抓住重点并进行自我要求，那么我们就该尽力维持幸福指数的攀升。能够高一点，就绝对不要低一些，能够多做的，就不应投机取巧，偷懒懈怠，而是应把握住每一天，让幸福指数

最大化。将今天的幸福好事深深烙印在脑海里，明天早上想起来，还会为这样的甜蜜温馨感动莫名，后天一早醒来，又想到之前的幸福美事，不禁开怀大笑。若你未能主动开创出丰盛富足、幸福圆满，还能够畅快地笑吗？答案必然是否定的。因此，有能力多做一点，就不该偷懒，千万别说出"我已经够幸福了"之类的话语，毕竟多一点幸福，总比过得不幸、祸不单行来得好吧？所以每一天都要盘点你幸福指数的库存量，鼓励自己分秒间都要为自己的幸福宝库加码。

当你的行为皆能合于"种瓜得瓜，种豆得豆"的道理，幸福也许就会不期而至，好事将层出不穷，幸福也会绵延不绝，即使偶尔有一丁点儿的不如意、不顺心也瑕不掩瑜，幸福甜蜜的感觉还是占了绝大部分！

奋笔疾书至此，相信诸位读者已大有收获，而我还是要再提醒诸位读者：在开创幸福时，切莫迟疑退缩，要竭尽所能地把丰盛幸福牢牢掌握在自己手中。一旦你身上营造正能量场的开关被启动，未来便灿然一新，欣欣向荣！无论眼下的生活是好是坏，人总是要向前看，而能否在每天的进展中连连收获幸福，迎向光明未来，一切都在自己的营造中、计划里。你的人生掌握在自己的手上，别再彷徨，莫要犹豫，请赶紧倾尽全力追求你长久渴望的丰盛幸福——因为丰盛的幸福你也可以拥有。人生在世，每个当下都是幸福成就的时间点，每一个机会点都不可以轻易放过，通过这无数幸福点的累进，将使今生无悔、灿烂非凡。因为你愿意，幸福即与你常伴，世界也会因此更加圆满、丰盛。在此祝福各位亲爱的读者，在幸福洋溢里，将这世界点亮得更加光彩夺目！